Seile und Taue

Vorbereitung und Pflege eines Seils

Knoten

Glossar und Index

Fischerstek ☞ Seite 70

(cs)

Band 3

OutdoorHandbuch

Dieter Großelohmann
& Manuela Dastig

Knoten

Knoten

Dieses OutdoorHandbuch wurde konzipiert und redaktionell erstellt vom:

OUTDOOR
CONRAD STEIN VERLAG

Conrad Stein Verlag GmbH
Kiefernstr. 6, 59514 Welver
☏ 023 84/96 39 12
info@conrad-stein-verlag.de
www.conrad-stein-verlag.de
www.facebook.com/outdoorverlag
www.instagram.com/outdoorverlag

Druckprodukt mit finanziellem
Klimabeitrag
ClimatePartner.com/53106-2404-1003

Als Outdoor-Verlag sind uns der Schutz und die Erhaltung der Natur seit jeher ein besonderes Anliegen. Auch in Sachen Klimaschutz haben wir eine Vorreiterrolle inne: Wir sind der einzige Buchverlag in Deutschland, der bereits seit 2008 seine Bücher konsequent klimaneutral in Deutschland produzieren und transportieren lässt. Dabei wird nicht nur klimaneutral, sondern auch nachhaltig, d. h. so umweltschonend wie möglich produziert, z. B. durch die Auswahl von umweltfreundlichen Materialien. Die bei der Produktion der Bücher entstandenen CO_2-Emissionen werden durch die Unterstützung von zertifizierten Klimaschutzprojekten ausgeglichen. Jedes Buch wird daher mit dem Logo „klimaneutral" und einer Climate-Partner-Zertifikatsnummer versehen. Mithilfe dieser Nummer können Sie unter www.climatepartner.com Informationen zu der eingesparten CO_2-Menge und dem Projekt finden, das mit der Abgabe gefördert wird.

Das Engagement des Conrad Stein Verlags wurde im Rahmen des Projekts „Klimaneutraler Buchverlag" mit dem Westenergie Klimaschutzpreis 2022 ausgezeichnet.

OutdoorHandbuch Band 3

ISBN 978-3-86686-377-4 Nachdruck der 3. Auflage 2024

Text: Dieter Großelohmann
Fotos: Dieter Großelohmann, Conrad Stein (cs)
Textbearbeitung und Lektorat: Amrei Risse
Zeichnungen und Layout: Manuela Dastig

Gesamtherstellung: AZ Druck und Datentechnik GmbH, Kempten

Dieses OutdoorHandbuch hat 96 Seiten mit 15 farbigen Illustrationen und über 180 farbigen Knotenzeichnungen.

Autor und Verlag freuen sich über Ihr Feedback. Schreiben Sie Ihre Tipps und Verbesserungen an info@conrad-stein-verlag.de oder nutzen Sie unsere Social-Media-Kanäle. Bitte nennen Sie dabei Titel, Auflage und Seitennummer.

Dieses Buch ist im Buchhandel und in Ausrüstungsläden erhältlich und kann im Internet oder direkt beim Verlag bestellt werden.

Titelfoto: Fischerstek (cs)

Inhalt

Einleitung 9

Seile und Taue 11

Was ist ein Seil? 12
Durchmesser und Festigkeit 13
Rutschfestigkeit 13
Flexibilität 13
Belastbarkeit 14
Faserspannung 14
UV-Beständigkeit 15
Elastizität 15
Verhalten im Wasser (Auftrieb) 15
Berührung mit Chemikalien 15
Verschiedene Materialien 16
Taue aus Kunststoff 16
Taue aus Naturfasern 17
Kevlar 17

Vorbereitung und Pflege eines Seils 21

Präparieren eines neuen Taus 22
Takling durch Erhitzen 22
Einfacher Garntakling 24
Plastiktakling 25
Das ordnungsgemäße Aufschießen eines Seils 25
Marine-Methode 26
Segler-Methode 28
Pflege und Aufbewahrung 29

☺ Einige Knoten haben wir mit einem kleinen ✓ markiert. Dieses Symbol weist Sie darauf hin, dass es sich hier um einen besonders gängigen Knoten handelt, den Sie oft brauchen werden. Am besten nehmen Sie sich diese Knoten beim Üben als Erstes vor.

Die Knoten 30

Wie fest ist ein Knoten eigentlich? 31
Überhandknoten ✓ 33
Slipstek 34
Einfachschleife ✓ 36
Halber Schlag, zwei halbe Schläge,
Rundtörn mit zwei halben Schlägen und Slipstek 38
Schifferknoten ✓ 40
Kurze Trompete 41
Webeleinenstek ✓ 42
Topsegelschotstek (Doppelter Webeleinenstek) 44
Hakenstek 46
Törns 47
Achtknoten 48
Lange Trompete 49
Palstek ✓ 50
Gesicherter Palstek 51
Doppelter Palstek 52
Schmetterlingsschlaufe ✓ 55
Achter Buchtknoten 56
Ringstropp 57
Maurerknoten 58
Marlschlag 59
Diamantstek 60
Zimmermannsstek ✓ 62
Balkenstek 63
Kraftzug (Truckerknoten) ✓ 64
Mehrfachzug 66
Lasching zum Verbinden eines Dreibeins 67
Kreuzfestmacher 68
Fischerstek 70
Einfacher Schotstek/Schotstek mit Slip/Doppelter Schotstek ✓ 71

Gurtknoten 74
Blutknoten 75
Kreuzknoten 76
Chirurgenknoten 78
Augspleiß 80
Kurzspleiß 84
Krawattenknoten 86
    Kleiner Krawattenknoten 86
    Einfacher Krawattenknoten 87
    Windsorknoten 88

Glossar 89

Index 94

Einleitung

Achter Buchtknoten
(☞ Seite 56)

Eine der größten Herausforderungen beim Schreiben dieses Buches war die Entscheidung, welche Knoten wir Ihnen vorstellen wollen. Aus den mehr als 300 Knoten, die in manchen Büchern gezeigt werden, haben wir schließlich nur die für unsere Zwecke gebräuchlichsten ausgesucht, hauptsächlich also welche für Kanufahrer und Trekker. Viele andere sind auch nur Varianten der hier vorgestellten und müssen nicht extra beschrieben werden. Mit den in diesem Buch erklärten Knoten sollten Sie bei Ihren Touren gut zurechtkommen.

Auf spezielle Knoten für Bergsteiger haben wir verzichtet. Oft hängt hier ein Menschenleben an so einem Knoten und man sollte sich diese besser von speziell geschulten Lehrern in den Bergsportschulen erklären lassen.

Viel gefahrloser sind natürlich Krawattenknoten – hier besteht höchstens die Gefahr einer Blamage. Damit Sie dieser entgehen, haben wir die gebräuchlichsten am Ende des Buches kurz erklärt.

Beim fleißigen Nachknoten im Verlag ist uns aufgefallen, dass Linkshänder bei manchen Knoten anders vorgehen als Rechtshänder. Deshalb haben wir bei einigen Knoten Extra-Zeichnungen für Linkshänder angefertigt.

Eine weitere Schwierigkeit war es noch, die Knoten verständlich zu beschreiben. Die „Sprache der Knoten“ ist nun einmal nicht das Hochdeutsche, sondern die Sprache der Seefahrer. Wir haben versucht, Begriffe wie „Törn“, „Tampen“ oder auch „Dröseln“ ins Hochdeutsche zu übersetzen, und hoffen, dass es uns gelungen ist.

Nun bleibt nur noch, Ihnen „Viel Spaß beim Nachknoten” zu wünschen. Wenn Sie mit unerfahrenen Outdoorern eine Reise planen, gehört zur Vorbereitung immer ein Abend, an dem „Knoten üben“ angesagt ist!

Dieter Großelohmann & Manuela Dastig

Seile und Taue

Im Schifffahrtsmuseum Husum (cs)

Was ist ein Seil?

Ein **geschlagenes (gedrehtes) Seil** besteht aus Fasern, die zu Garnen zusammengedreht werden. Diese Garne werden dann in entgegengesetzter Richtung zu sogenannten Kardeelen geschlagen. Die Kardeele werden wiederum zu einem Seil weiterverarbeitet.

Geflochtenes und ummanteltes Tauwerk setzt sich aus einem inneren Kernstück, der sogenannten „Seele", und einer geflochtenen Hülle zusammen. Das Problem bei diesen Seilen ist, dass Schäden an der Seele kaum auffallen, da sie durch den äußeren Mantel verdeckt sind. Allerdings hat geflochtenes Tauwerk auch viele Vorteile: Es lässt sich z. B. problemlos zusammenlegen – „aufschießen", wie man es in der Seemannssprache nennt –, ohne sich zu verknoten oder zu verdrehen.

Abb. 1: dreikardeelig geschlagen *geflochten (ummantelt)*

Früher bestanden Seile aus Naturfasern, heute benutzt man meistens synthetische Materialien (☞ Verschiedene Materialien). Seile aus künstlichen Fasern werden oft geflochten, bei Seilen aus Naturstoffen findet man eher die geschlagene Variante. Jedes Material hat seine Vor- und Nachteile und ist für verschiedene Verwendungen unterschiedlich gut geeignet. Wenn Sie ein Seil kaufen oder aussuchen, sollten Sie deshalb immer im Hinterkopf haben, wofür Sie es brauchen. Was bei der Auswahl sonst noch wichtig ist, erklären wir im Folgenden:

Durchmesser und Festigkeit

Früher sagte man:

Doppelt so dick ist viermal so stark!

Inzwischen wurde diese Regel sogar wissenschaftlich untersucht und bestätigt. Natürlich gilt das aber nur für unbeschädigte Seile, die aus demselben Material gemacht sind. Ein Beispiel: Ein neues, 6 mm starkes dreikardeeliges Nylonseil können Sie mit ca. 650 kg belasten, ein Seil aus demselben Material und mit der doppelten Stärke (12 mm) hat schon eine Zugfestigkeit von ca. 2.500 kg – also tatsächlich fast viermal so viel!

Rutschfestigkeit

Seile aus Naturfasern sind generell rutschfester als Seile aus Kunststofffasern. Das ist besonders wichtig zu wissen, wenn Sie Polyäthylen- und Polypropylenseile benutzen. Bei diesen müssen Sie jeden Knoten mit einem zusätzlichen Sicherheitsknoten (z. B. Achtknoten) sichern, damit er sich nicht löst.

Flexibilität

Nimmt man lieber ein flexibles oder ein steifes Seil? Das kommt immer darauf an, wofür man es verwenden will! Wenn Sie z. B. Gepäck auf dem Dach Ihres Autos festbinden wollen, sollten Sie sich für ein flexibles Seil entscheiden, da es sich viel leichter knoten lässt. Ein Nachteil ist allerdings, dass sich diese Seile recht schnell verdrehen bzw. „vertörnen“, wie es in der Seefahrersprache heißt. Sollten Sie eine Tour planen, bei der das Seil im und am Wasser gebraucht wird, ist ein steifes Seil die bessere Wahl. Es eignet sich perfekt zum Vertäuen von Kanus oder Segelbooten, als Rettungsleine für den Fall, dass jemand im Wasser landet, oder für alle möglichen anderen Zwecke.

Belastbarkeit

In der Tabelle 2 (☞ Seite 20) finden Sie eine Übersicht über die Belastbarkeit einiger Standardseile. Da sich jedoch von Seil zu Seil und von Anwendung zu Anwendung unterscheidet, wie belastbar ein Seil wirklich ist, können diese Werte nur als Anhaltspunkte dienen. Wenn ein Seil unter extremen Bedingungen verwendet wurde oder in keinem guten Zustand ist, ist es natürlich nicht mehr so belastbar und somit weniger sicher.

Zwei Dinge sollten Sie im Hinblick auf die Belastbarkeit besonders beachten:

1. **Verwenden Sie auf gar keinen Fall beschädigte Seile!**
2. **Wenn Ihr Leben von diesem Seil abhängt, weil Sie daran z. B. in einer Felswand hängen werden, sollte die Belastung deutlich unter der angegebenen Grenze liegen! Das gilt vor allem dann, wenn das Seil einer Schock- oder Dauerbelastung standhalten muss.**

Faserspannung

Bei manchen Seilen, z. B. bei Lassos, ist es wichtig, dass sie die Form behalten, in die sie geknotet oder verdreht wurden. Entscheidend ist hierfür die Kraft der Faserspannung, die oft auch „Erinnerung“ oder englisch „Memory“ genannt wird.

Wenn Sie ein Seil mit hoher Faserspannung benötigen, sind steife Seile generell eine gute Wahl. Der Nachteil: Sie lassen sich nicht gut knoten. Zum Glück „erinnert“ sich auch manches flexible Tauwerk ganz gut an die Windungen, in die es mal gelegt wurde, z. B. Seile aus Polyäthylen.

UV-Beständigkeit

Wenn ein Seil über einen längeren Zeitraum in der Sonne verwendet oder liegen gelassen wird, sollte es unbedingt UV-beständig sein. Ist es das nicht, kann das Seil durch die Sonneneinstrahlung spröde werden und brechen. Diese Gefahr besteht vor allem bei Kunststoffseilen (außer Polyester). Sie enthalten einen Weichmacher, der vom UV-Licht zerstört wird. In der Tabelle 1a (☞ Seite 18) können Sie nachlesen, wie gut die verschiedenen Materialien UV-Strahlung aushalten.

Elastizität

Verschiedene Verwendungszwecke erfordern eine unterschiedliche Elastizität. Wenn Sie z. B. klettern gehen wollen oder etwas abschleppen müssen, sollten Sie ein elastisches Seil verwenden. Um Gepäck im Kanu oder auf dem Fahrrad festzubinden, sind dagegen feste Seile besser geeignet.

Wie elastisch ein Seil ist, hängt vor allem von seinem Material ab. Erfahrene Camper wissen das schon lange: Früher waren Zeltschnüre oft aus Naturstoffen wie Manila, Hanf oder Sisal gemacht, die sich zusammenziehen, wenn sie feucht werden. Aus diesem Grund mussten die Schnüre regelmäßig gelockert werden. Das ist inzwischen genau andersherum: Ein Nylonseil dehnt sich bei Belastung aus, deshalb müssen die Zeltschnüre von heute gerade bei starker Belastung häufig nachgespannt werden.

Verhalten im Wasser (Auftrieb)

Die stabilste Wurfleine für eine Rettung aus dem Wasser hilft niemandem, wenn sich das Seil direkt mit Wasser vollsaugt und sinkt, wie es bei Seilen aus natürlichen Materialien passieren würde. Wenn es wichtig ist, dass ein Seil auf der Wasseroberfläche schwimmt, sollten Sie also auf keinen Fall eines aus Naturstoffen verwenden. Besser geeignet sind Seile aus Polypropylen oder Polyäthylen.

Berührung mit Chemikalien

Dass es nicht gut ist, wenn ein Seil mit Chemikalien in Berührung kommt, kann man sich vorstellen. Ein Seil aus Propylen kann z. B.

schon durch ein aggressives Insektenvertilgungsmittel völlig zerstört werden. Aber auch andere Materialien reagieren empfindlich. Deshalb gilt: Vorsicht beim Umgang mit Chemikalien, auch beim Waschen! Informieren Sie sich am besten in einer guten Bergsportabteilung über spezielle Reinigungsmittel für Ihre Seile.

Verschiedene Materialien

Taue aus Kunststoff

Nylon

Nylon wurde gegen Ende des Zweiten Weltkrieges entwickelt und ist die erste Kunstfaser, die bei der Seilherstellung Verwendung fand. Seile aus diesem Material haben viele Vorteile: Feuchtigkeit macht ihnen nichts aus und sie sind leicht, aber dennoch kräftig. Die Nylonfasern verleihen ihnen Festigkeit und Elastizität, sodass sie selbst Schockbelastungen problemlos standhalten.

Es ist also kein Wunder, dass sich Nylonseile großer Beliebtheit erfreuen. Meistens sind sie dreikardeelig geschlagen oder geflochten und ummantelt.

Beim Vorbereiten der Enden müssen Sie vorsichtig sein: Die Seilenden von geschlagenen Seilen zu verschmelzen ist nicht so einfach, da sie schnell aufdröseln. Am besten verwenden Sie deshalb einen Takling aus gewachster Schnur, einen Plastiktaklingkleber oder einen Plastikschrumpfschlauch, um die Enden zu sichern.

Bei geflochtenem Tauwerk ist das Verschmelzen dagegen kein Problem.

Polyäthylen

Seile aus Polyäthylen dürfen ruhig nass werden und gehen im Wasser nicht unter, weshalb sie besonders gerne von Wasserskifahrern verwendet werden. Für diese Seile müssen Sie nicht viel Geld ausgeben, allerdings müssen Sie damit leben, dass sie sehr rutschig sind und nur wenig Elastizität aufweisen. Insgesamt ist dieses Material nicht sehr empfehlenswert.

Polypropylen

Polypropylenseile sind qualitativ etwas besser als Polyäthylenseile. Sie sind nicht ganz so rutschig und außerdem noch etwas elastischer. Sonst gibt es keine großen Unterschiede. Auch Polypropylenseile schwimmen und werden deshalb z. B. als Rettungsleinen verwendet.

Polyester (Dacron)

Wenn Sie ein Seil benötigen, das sehr stabil ist und dem UV-Licht und schlechtes Wetter nichts anhaben können, sollten Sie sich ein Seil aus Polyester anschaffen. Segler haben die Vorteile dieses Materials schon vor Langem erkannt.

Taue aus Naturfasern

Eigentlich haben Taue aus natürlichen Fasern wie Manila, Sisal, Hanf oder Jute viele Vorteile: Sie fühlen sich angenehm an, machen keine Probleme beim Aufschießen und sind überhaupt nicht rutschig, sodass Knoten problemlos halten.

Leider gibt es auch einige weniger positive Eigenschaften: Seile aus Naturfasern wiegen viel, verrotten schnell und sind nicht besonders stabil.

Ein 10 mm starkes Manilatau weist z. B. eine Zugfestigkeit von nur gut 500 kg auf. Zum Vergleich: Ein genauso dickes Seil aus Kunststoff hält in der Regel einen doppelten oder sogar dreimal so starken Zug aus (☞ Tabelle 2). Es verwundert also nicht, dass Seile aus Naturfasern heute nur noch selten benutzt werden.

Kevlar

Kevlar ist ein synthetisches, besonders stabiles Material aus Aramidfasern – so stabil, dass es auch für die Herstellung von schusssischeren Westen und Reifenmänteln genutzt wird! Ein Kevlar-Seil ist ungefähr viermal so haltbar wie Stahl und lässt sich selbst mit einem scharfen Messer kaum zerschneiden. Gleichzeitig ist das Material, das übrigens von DuPont entwickelt wurde, extrem leicht (spezifisches Gewicht: 1.44).

Tabelle 1 a: Vergleich einiger gebräuchlicher Tauwerke*

	Manila	Sisal	Baumwolle	Nylon	Polyester	Polypropylen	Polyäthylen	Aramid
Festigkeit:								
Zugfestigkeit trocken (g/Denier)	5-6,0	4-5,0	2-3,0	7,8-10,4	7,0-9,5	6,5	6,0	18-26,5
Naß im Vergleich zu trocken	bis 120%	bis 120%	bis 120%	85-90%	100%+[1]	100%	105%	95%
Schockabsorbtion	schlecht	schlecht	sehr schlecht	hervorragend	sehr gut	sehr gut	mittel	
Gewicht:								
Spezifisches Gewicht	1,38	1,38	1,54	1,14	1,38	0,91	0,95	1,44
Schwimmt	nein	nein	nein	nein	nein	ja	ja	nein
Dehnung:								
In Prozent bis zum Reißen	10-12%	10-12%	5-12%	15-28%	12-15%	18-22%	20-24%	1,5-3,6%
Dehnung unter Dauerlast	sehr gering	sehr gering		mittel	gering	stark	stark	sehr gering
Verhalten bei Feuchtigkeit:								
Wasseraufnahme der einzelnen Fasern	bis 100%	bis 100%	bis 100%	2,0-8,0%	<1,0%	0%	0%	3,5-7,0%
Widerstandsfähigkeit gegen Verrotten, Schimmel u. Zersetzung durch Meeresorganismen	schlecht	sehr schlecht	sehr schlecht	hervorragend	hervorragend	hervorragend	hervorragend	hervorragend
Zersetzung:								
UV-Beständigkeit	gut	gut	gut	gut	hervorragend	mittel[2]	mittel[2]	mittel[3]
Altersbeständigkeit bei richtiger Aufbewahrung	gut	gut	gut	hervorragend	hervorragend	hervorragend	hervorragend	hervorragend
Reibungsbeständigkeit:								
Oberfläche	gut	mittel	schlecht	sehr gut	am besten	gut	mittel	mittel[3]
Seele	gut	gut	gut	hervorragend	am besten	gut	gut	gut
Hitzebeständigkeit:								
Maximale Arbeitstemperatur	150°C	150°C	150°C	120°C	135°C	93°C	65°C	177°C
Minimale Arbeitstemperatur	-73°C	-73°C	-73°C	-57°C	-57°C	-29°C	-73°C	-73°C
Schmilzt bei			verkohlt bei 150°C	215-250°C	255-260°C	165°C	140°C	zerfällt bei 425°C

***(Ich danke dem Cordage Institute, 42 North St., Hingham, MA 02043, daß ich diese Angaben verwenden durfte.)**

1 Besondere Beschichtung erhöht die Festigkeit bei Feuchtigkeit.

2 Schwarz ist am besten.

3 Hervorragend mit Beschichtung.

Tabelle 1 b: Beständigkeit gegen Chemikalien

	gegen Säuren	gegen Basen	gegen organische Lösungsmittel
Manila	löst sich in heißen, verdünnten und kalten, konzentrierten Säuren auf	kaum Widerstand, betroffene Stellen verlieren an Festigkeit	recht gute Widerstandskraft der Fasern, aber Kohlenwasserstoff zerstört Schutzfilm des Taus
Sisal	löst sich in heißen, verdünnten und kalten, konzentrierten Säuren auf	kaum Widerstand, betroffene Stellen verlieren an Festigkeit	widerstandsfähig
Baumwolle	löst sich in heißen, verdünnten und kalten, konzentrierten Säuren auf	kann aufquellen, wird aber nicht geschädigt	nicht widerstandsfähig
Nylon	zersetzt sich in starken, mineralischen Säuren; beständig gegen schwache Säuren	wird wenig oder gar nicht angegriffen	widerstandsfähig, löslich in Phenolverbindungen und in 90%iger Ameisensäure
Polyester	beständig gegen die meisten mineralischen Säuren, zersetzt sich in 95%iger Schwefelsäure	keine Reaktion bei niedrigen Temperaturen; löst sich bei starken, kochenden Basen auf	allgemein beständig; löslich in einigen Phenolverbindungen
Polypropylen	sehr widerstandsfähig	sehr widerstandsfähig	löslich in chlorierten Kohlenwasserstoffen bei 70 °C
Polyäthylen	sehr widerstandsfähig	sehr widerstandsfähig	löslich in chlorierten Kohlenwasserstoffen bei 70°C
Aramid	beständig gegen die meisten schwachen Säuren; starke Säuren greifen das Material an (besonders bei hohen Temperaturen und Konzentrationen)	beständig gegen die meisten schwachen Basen; starke Basen greifen das Material an (besonders bei hohen Temperaturen und Konzentrationen)	beständig gegen die meisten Ketone, Alkohole, Öle und Kohlenwasserstoffe

So gute Qualität hat natürlich ihren Preis, sodass Kevlar-Seile in der Regel nur dann verwendet werden, wenn Eigenschaften wie Leichtigkeit, geringe Materialverformung und hohe Haltbarkeit besonders wichtig sind.

Tabelle 2: Festigkeit einiger 10-mm-Standardtaue, dreikardeelig geschlagen oder achtkardeelig geflochten

	Zugfestigkeit unter Spannung	**Arbeitsbelastbarkeit**
Manila	550 kg	55 kg
Sisal	490 kg	49 kg
Nylon	1.500 kg	125 kg
Polyester	1.500 kg	150 kg
Polypropylen	1.100 kg	110 kg
Kevlar (Aramid von DuPont),	1.350 kg	

Die Werte in dieser Tabelle beziehen sich auf Taue, die in gutem Zustand und keinen extremen Belastungen ausgesetzt sind. Sie dienen nur als grober Maßstab dafür, wie viel die verschiedenen Materialien aushalten.

Vorbereitung und Pflege eines Seils

(cs)

Neben Schlafsack, Rucksack und Co. sollten Sie bei Ihren Outdoor-Touren mindestens ein langes Seil dabeihaben. Seile sind in allen möglichen Notlagen nützliche Helfer, egal ob Sie sich festgefahren haben, Ihr Gepäck bei Windstärke 6 aus dem Kanu zu fallen droht oder Sie einfach nur eine Wäscheleine brauchen. Was das Material betrifft, so empfehle ich geschlagene Nylonschnur. Mit ein oder zwei Seilen im Gepäck – 20 m lang und 8 mm stark – können Sie sich aus vielen unangenehmen Situationen befreien. Das gilt natürlich nur, wenn die Seile in gutem Zustand sind, Sie sollten sie also immer gut pflegen!

Präparieren eines neuen Taus

Zur Pflege gehört es auch, das Seil vor der ersten Verwendung richtig vorzubereiten, vor allem um die Enden vor dem Aufdröseln zu bewahren (d.h. davor, sich in viele einzelne Fasern aufzulösen). Das gelingt Ihnen folgendermaßen:

Takling durch Erhitzen

Am einfachsten können Sie das Aufdröseln der Seile verhindern, indem Sie die Enden verschmelzen. Diese Methode kann bei den meisten Seilen aus Kunststoff problemlos angewendet werden. Praktischerweise brauchen Sie hierzu auch kaum Werkzeug: Ein Feuerzeug, ein Bunsenbrenner oder einige Streichhölzer genügen.

Abb. 2a: Tau ca. 1½ cm vom Ende erhitzen

Geflochtene Seile sollten Sie zunächst kurz vor dem Ende erhitzen, dann abkühlen lassen, anschließend an der verschmolzenen Stelle durchtrennen und die Schnittstelle am Ende noch einmal an die Flamme halten (☞ Abb. 2). Gleichermaßen gehen Sie übrigens auch bei Fallschirmleinen vor.

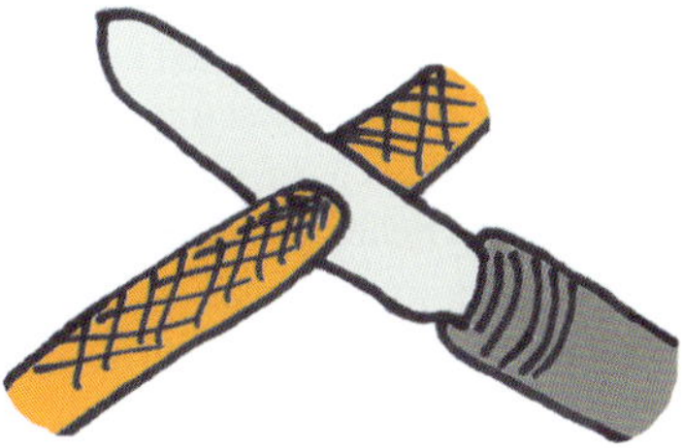

Abb. 2b: An der abgekühlten, verschmolzenen Stelle abschneiden

Abb. 2c: Erneut erhitzen

Abb. 3a: Ende mit Klebeband umwickeln

Abb. 3b: Hinter dem Klebeband erhitzen

Abb. 3c: An der verschmolzenen, abgekühlten Stelle durchschneiden

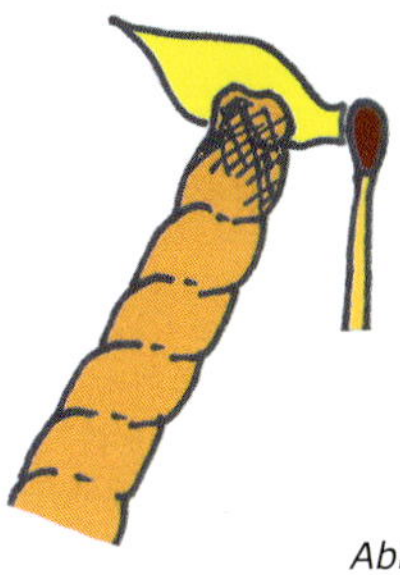

Abb. 3d: Ende erneut erhitzen

Wenn Sie geschlagene Seile durchschneiden, dröseln sie schnell auf. Das passiert nicht, wenn Sie den Trick mit dem Klebeband kennen und anwenden: Umwickeln Sie das Seilende zunächst fest mit Klebeband, erhitzen Sie es dahinter rundherum und lassen Sie es abkühlen. Dann ziehen Sie das Klebeband wieder ab und gehen genauso vor wie bei einem geflochtenen Seil: Schneiden Sie es an der verschmolzenen Stelle durch und erhitzen Sie das Ende dann erneut (☞ Abb. 3).

Einfacher Garntakling

Die klassische Methode, ein Seilende vor dem Aufdröseln zu schützen, ist die Anwendung eines Garntaklings. Dies dauert zwar etwas länger

Abb. 4:
Kräftiges gewachstes Garn, Bindfaden oder Zahnseide

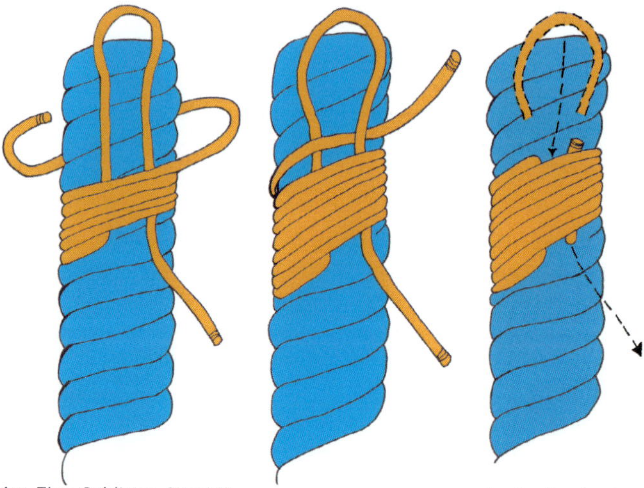

4a: Eine Schlinge (Bucht) der Länge nach an das Tau legen und Tau und Schlinge von unten nach oben stramm umwickeln

4b: Holende Part des Garns duch die Bucht stecken

4c: Bucht durchziehen, damit holende Part fixieren, bündig abschneiden

als beispielsweise das Verschmelzen der Enden, hält aber auch besser. Es gibt verschiedene Formen, meistens kommen Sie mit dem einfachen Garntakling aber gut zurecht.

Als Material ist gewachstes Schustergarn gut geeignet, schweres Knopf- oder Teppichnähgarn oder sogar Zahnseide funktionieren aber ebenso. Die richtige Technik für das Garntakling sehen Sie in ☞ Abbildung 4. Achten Sie darauf, dass Sie das Garn mit dem Schlag des Taus zum Ende hin wickeln.

Plastiktakling

Eine praktische Alternative zu Garntakling und Takling durch Verschmelzen ist das Plastiktakling. Dabei verwenden Sie entweder einen flüssigen Plastiktakling (einfach das Ende des Taus eintauchen und trocknen lassen) oder einen Plastikschrumpfschlauch. Beides können Sie im Ausrüstungsgeschäft kaufen.

Noch ein Hinweis: Die Breite eines Taklings sollte immer der Stärke des Seils entsprechen. Wenn das Seil 8 mm stark ist, sollte der Takling also ebenfalls mindestens 8 mm breit sein.

Das ordnungsgemäße Aufschießen eines Seils

Das schönste Seil nützt nichts, wenn es nicht vernünftig aufgeschossen verwahrt wird. Denn nur dann ist es direkt einsatzfähig, was besonders bei Rettungsaktionen wichtig ist. Außerdem kann ein unordentlich liegen gelassenes Seil z. B. auf einem Boot auch zur Stolperfalle und somit selbst zur Gefahr werden. Damit Ihnen das nicht passiert, zeigen wir Ihnen auf den folgenden Seiten nun die besten Methoden, um ein Seil richtig aufzuschießen.

Marine-Methode

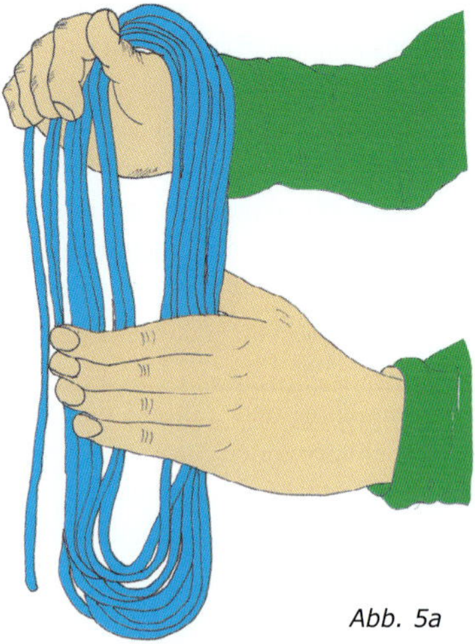

Abb. 5a

1. Legen Sie jede Schlinge sorgfältig vor die jeweils vorherige. Achten Sie dabei darauf, das Seil jeweils um eine halbe Drehung zu vertörnen, sonst können leicht Kinken, also Knoten oder Knicke, entstehen. Wenn Sie das ganze Seil auf diese Weise zusammengelegt haben, nehmen Sie es in eine Hand und stecken den Daumen der anderen durch das Auge – das ist der Begriff der Seefahrer für die Schlinge (☞ Abb. 5a).

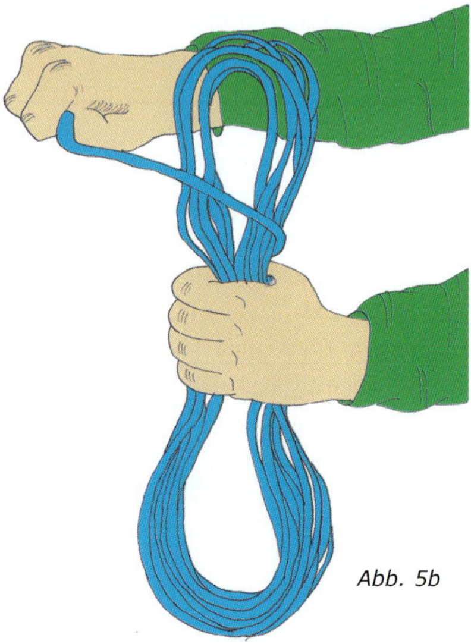

Abb. 5b

2. Als nächstes wickeln Sie die letzten beiden Schlingen der Rolle wieder ab, sodass Sie ein Stück freies Seil zur Verfügung haben. Halten Sie das aufgewickelte Seil nun in der Mitte fest und legen Sie das freie Seil mehrmals um die Seilrolle (☞ Abb. 5b). Sie machen es richtig, wenn Sie die Schlingen von oben nach unten in Richtung der haltenden Hand und möglichst gleichmäßig wickeln. Sie sollten das Seil dabei nicht zu fest ziehen.

3. In ☞ Abb. 5c sehen Sie, wie es weitergeht: Legen Sie den Rest des freien Seilendes zu einer Schlinge und schieben Sie diese durch das neu entstandene Auge der Rolle.

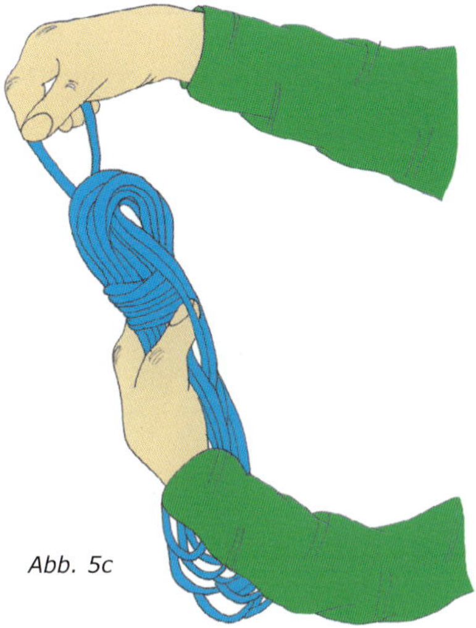

Abb. 5c

4. Jetzt ist das Seil schon fast fertig aufgeschossen: Sie müssen nur noch die Wicklung nach oben gegen die Schlinge schieben. Das geht am besten, wenn Sie mit der einen Hand die Wicklung umfassen und mit der anderen die Rolle festhalten.

Das so aufgeschossene Seil (☞ Abb. 5d) kann nicht nur ordentlich verwahrt werden, sondern ist auch direkt einsatzbereit: Ziehen Sie einfach an dem freien Seilende und lösen Sie so die Sicherung.

Abb. 5d

Segler-Methode

Legen Sie das Seil erst einmal wie bei der Marine-Methode zusammen. Den letzten Meter schießen Sie nicht mehr auf, sondern formen daraus eine Schlinge, eine sogenannte Bucht. Diese legen Sie um die Seilrolle und machen zwei Halbschläge, um das Seilende zu sichern (☞ Abb. 6). Die Bucht eignet sich perfekt, um das aufgeschossene Seil aufzuhängen.

Die Segler-Methode hat den Vorteil, dass die Schlingen beim Abrollen nicht so leicht kinken. Denn auch wenn das aufgeschossene Seil insgesamt etwas unordentlich aussieht, liegen die einzelnen Schlingen doch geordneter.

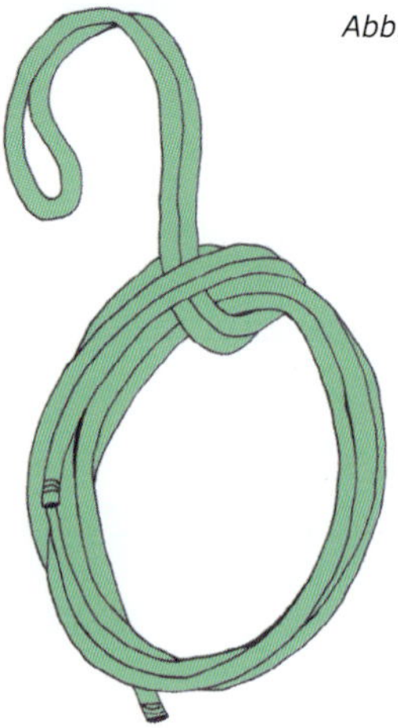

Abb. 6a

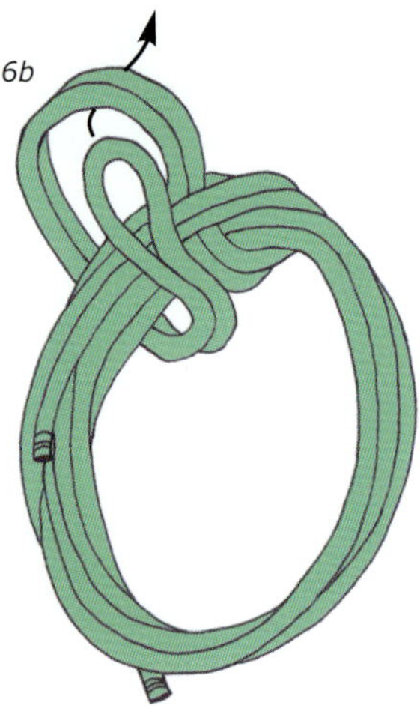

Abb. 6b

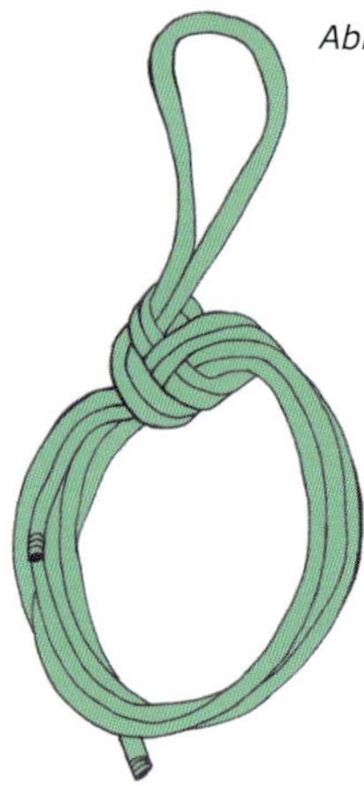

Abb. 6c

Pflege und Aufbewahrung

Ein gut gepflegtes Seil können Sie jahrelang mit auf Ihre Touren nehmen, ein schlecht gepflegtes müssen Sie schon nach einer Outdoor-Saison wieder austauschen. Um unnötigen Materialverschleiß zu vermeiden, sollten Sie Ihre Seile regelmäßig säubern. Es bietet sich an, dies am Ende der Saison zu machen, bevor Sie die Seile einlagern. Lösen Sie einfach Waschpulver in einem Eimer Wasser oder einem ähnlichen Gefäß auf und waschen Sie die Seile darin aus. Danach lassen Sie sie an der Luft trocknen.

Um die Seile zu lagern, empfehlen wir einen kühlen und trockenen Raum. Außerdem sollte es dort dunkel sein, denn UV-Einstrahlung ist auf die Dauer für jedes Seil schädlich.

☺ Wenn Sie sich über Kinken und Vertörnungen in Ihrem alten Seil ärgern, hilft Ihnen dieser Trick: Weichen Sie das Seil kurz in Wasser ein und spannen Sie es dann für ein, zwei Stunden straff zwischen zwei Pfosten, Bäume, Laternenpfähle o.Ä. Schon sind alle Knoten und Knicke verschwunden. Diese Methode, die man auch „Recken“ nennt, funktioniert übrigens auch bei neuen Seilen!

Die Knoten

Blutknoten
☞ Seite 75

Wie schon erwähnt haben wir für Linkshänder bei vielen Knoten Extra-Zeichnungen angefertigt – es sollen schließlich alle das Buch nutzen können! Die Linkshänderversion erkennen Sie jeweils an der Hand mit der Markierung **LH**. Sie fehlt nur bei den Knoten, bei denen wir sicher waren, dass Linkshänder auch die Rechtshänderversion problemlos nachknoten können.

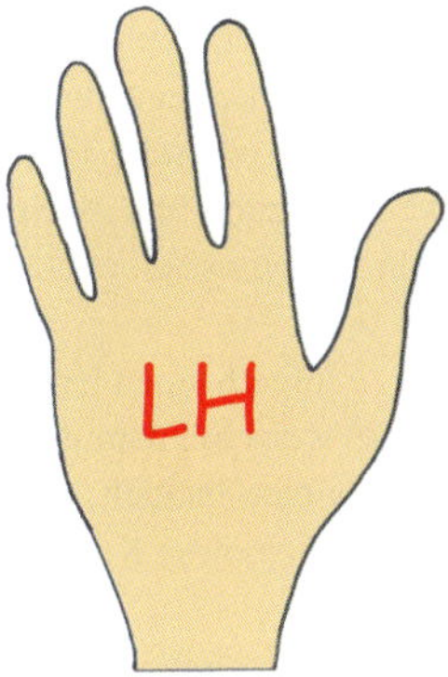

Wie fest ist ein Knoten eigentlich?

In der Tabelle 3 können Sie sehen, wie viel Zug die gängigsten Knoten aushalten. Die Prozentzahlen beziehen sich dabei jeweils auf die ursprüngliche Festigkeit des Seils. Es ist wichtig zu wissen, dass ein Seil mit Knoten nie so fest ist wie ein Seil ohne Knoten! Man kann sagen, dass ein Knoten die Festigkeit eines Seils ungefähr um die Hälfte verringert. Wenn man Spleiße statt Knoten verwendet, ist die Auswirkung nicht so groß, deshalb werden sie z. B. häufiger gewählt, um zwei Seile zu verbinden. Ein Beispiel für das Verknüpfen mit einem Spleiß finden Sie in diesem Buch (☞ Kurzspleiß), streng genommen zählen Spleiße aber nicht zu den Knoten und werden hier deshalb nicht ausführlich behandelt.

Tabelle 3: Zugfestigkeit einiger gebräuchlicher Knoten

Überhandknoten	45 %	Palstek	60 %
Zwei halbe Schläge	75 %	Doppelter Palstek	60 %
Schifferknoten	70 %	Zimmermannsstek	70 %
Webeleinenstek	75 %	Balkenstek	70 %
Hakenstek	80 %	Kreuzknoten	45 %
Achtknoten	48 %	Augspleiß	95 %
Lange Trompete	45 %	Kurzspleiß	90 %

Bei den Anleitungen zu den Knoten werden Ihnen vielleicht einige Fachausdrücke begegnen, die Sie noch nicht kennen. Die stehende Part etwa ist der belastete Teil des Seils, der Tampen das Ende eines Seils. Eine Erklärung der wichtigsten Begriffe finden Sie am Ende des Buches im Glossar.

☺ Einige Knoten haben wir mit einem kleinen ✓ markiert. Dieses Symbol weist Sie darauf hin, dass es sich hier um einen besonders gängigen Knoten handelt, den Sie oft brauchen werden. Am besten nehmen Sie sich diese Knoten beim Üben als Erstes vor.

Möglicherweise erkennen Sie den ein oder anderen Knoten wieder und wundern sich darüber, dass Sie ihn unter einem anderen Namen kennen. Wir haben hier in der Regel die Bezeichnungen aus der Seemannssprache verwendet. Bergsteiger, Pfadfinder, Feuerwehrleute oder andere Gruppen benennen dieselben Knoten oft ganz anders.

✓ Überhandknoten

Zum Einstieg verschaffen wir Ihnen gleich einmal ein kleines Erfolgserlebnis: Den Überhandknoten kriegen Sie garantiert ohne Probleme hin. Diesen Knoten haben Sie nämlich – hoffentlich! – schon als Kind gelernt und wenden ihn wahrscheinlich jeden Tag an, wenn Sie Ihre Schuhe zubinden. Ihn zu kennen ist allerdings auch wichtig, denn er ist Basis einiger anderer Knoten (z. B. des Kreuzknotens). Außerdem ist er ein praktischer Stopperknoten. Der einzige Nachteil ist, dass er sich oft nur mühsam wieder lösen lässt.

Abb. 7

Slipstek

Der Slipstek ist der Lieblingsknoten aller ungeduldigen Menschen: Sie müssen nur einmal am richtigen Ende ziehen und schon ist der Knoten wieder gelöst. Die Technik erinnert ein wenig an das Binden einer Schleife: Ziehen Sie den Tampen nicht direkt komplett durch den Knoten, sondern formen Sie ihn zunächst zu einer Bucht (☞ Abb. 8a). Wenn Sie den Knoten wieder öffnen wollen, müssen Sie nur noch an dem freien Ende ziehen. Der Slipstek eignet sich immer gut, wenn Sie etwas schnell und nur vorübergehend befestigen wollen. Auch zum Zubinden von Packsäcken ist er praktisch.

Abb. 8a

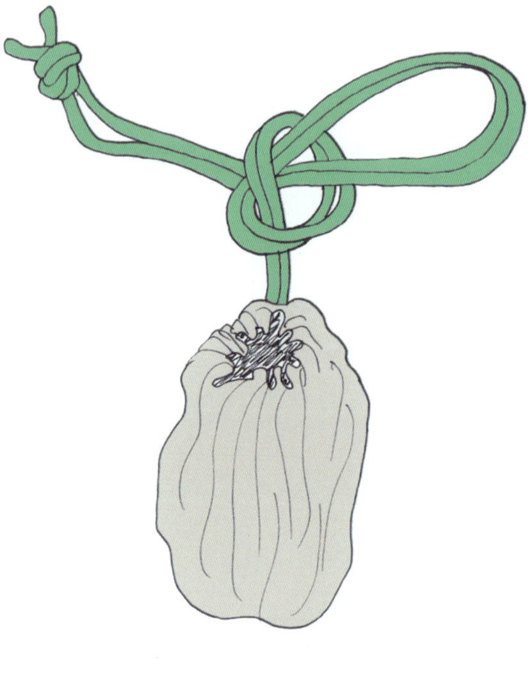

Abb. 8b

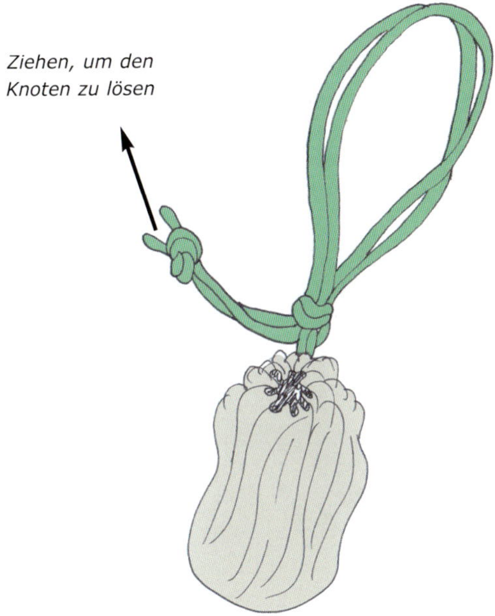
Ziehen, um den
Knoten zu lösen

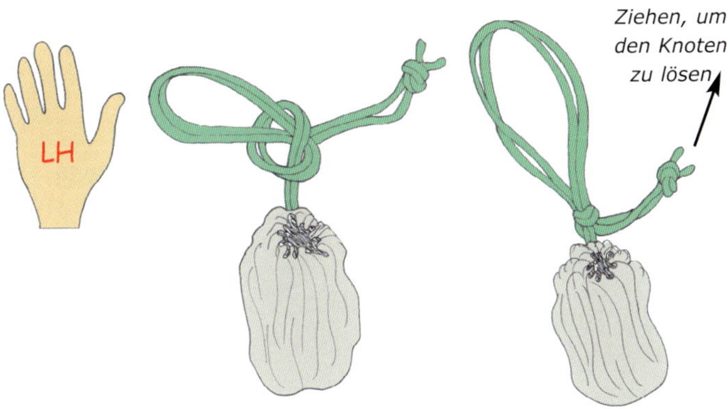
LH
Ziehen, um
den Knoten
zu lösen

✓ Einfachschleife

Die Einfachschleife ist einfach zu lernen und bei vielen Gelegenheiten nützlich. Wie in Abb. 9c gezeigt wird, kann man diesen Knoten entweder festziehen (auch bei Belastung ist er fest) oder als losen Laufknoten binden. Durch ein einfaches Ziehen am Seil lässt sich die Einfachschleife problemlos wieder lösen.

Abb. 9a

Abb. 9b

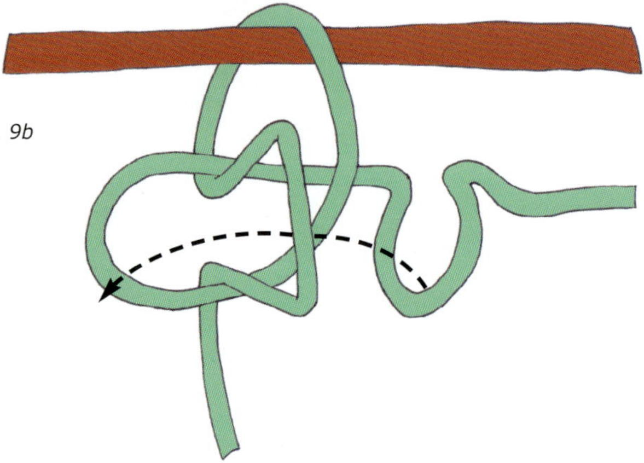

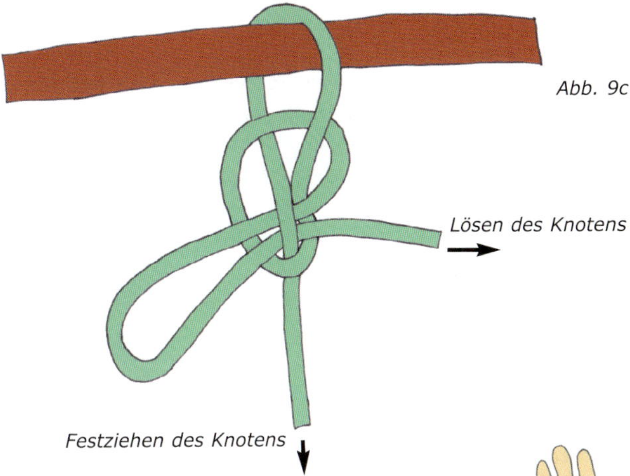
Lösen des Knotens
Festziehen des Knotens

Abb. 9c

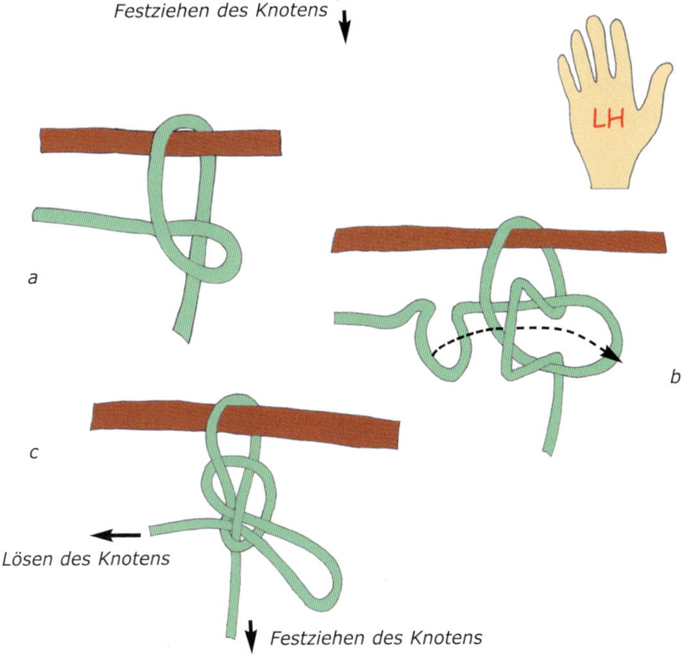
LH
a
b
c
Lösen des Knotens
Festziehen des Knotens

Halber Schlag, zwei halbe Schläge, Rundtörn mit zwei halben Schlägen und Slipstek

Der halbe Schlag (☞ Abb. 10a) ist ein einfacher Grundknoten, mit dem man z. B. schnell eine Wäscheleine an einem Baum befestigen kann. Wenn Sie tierische Begleiter – Hunde, Esel, Pferde – auf Ihrer Wanderung dabeihaben, können Sie diese auch vorübergehend mit dem halben Schlag festbinden, vorsichtshalber sollten Sie dann aber zwei machen. Ein oder zwei halbe Schläge eignen sich außerdem gut, um einen anderen Knoten zu sichern (☞ Webeleinenstek). Sie müssen nur darauf achten, beide halbe Schläge in derselben Richtung zu knoten (☞ Abb. 10b).

Abb. 10a: Halber Schlag

Abb. 10b: Zwei halbe Schläge

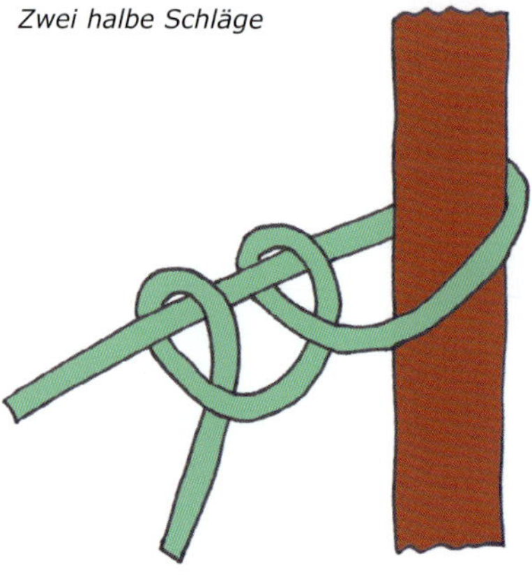

Der Rundtörn mit zwei halben Schlägen ist deutlich stabiler als der halbe Schlag und gehört zu den Festmacherknoten. Ihr Kanu lässt sich damit ebenso gut anbinden wie Ihr Pferd – an einem Ring, einen Pfosten, einem Haken, einem Geländer oder auch an einem anderen Seil. Diesen Knoten können Sie aber auch verwenden, wenn Sie z. B. Gepäck auf dem Autodach festbinden wollen. Selbst wenn er unter Spannung

Abb. 10c:
Rundtörn mit zwei halben Schlägen und Slipstek

Tampen wie bei einer Schleife durch die Bucht zurückziehen, um den Knoten schnell lösen zu können

steht, lässt sich der Rundtörn mit zwei halben Schlägen ohne Schwierigkeiten wieder lösen. Sie können statt des zweiten halben Schlags auch einen Slipstek binden (☞ Abbildung 10c), dann reicht ein kräftiges Ziehen, um den Knoten wieder zu öffnen.

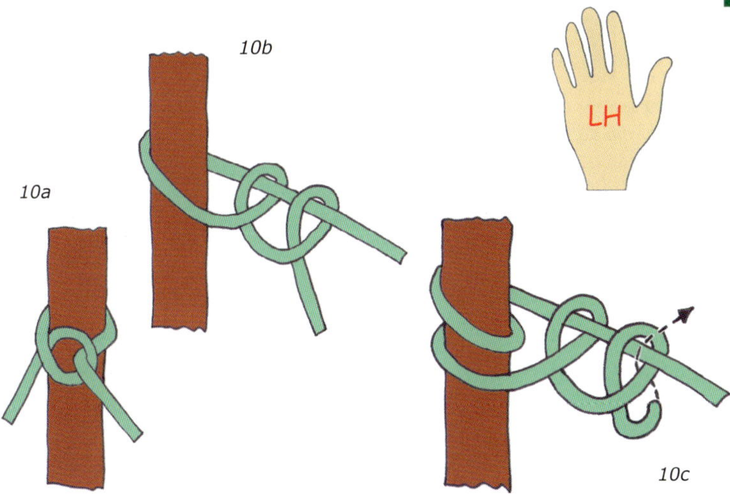

✓ Schifferknoten

Der Name sagt es eigentlich schon: Dieser Knoten ist ein Muss für alle, die gerne auf dem Wasser unterwegs sind. Wenn Sie sicher sein wollen, dass Ihr Kanu, das Sie am Abend festgebunden haben, auch am Morgen noch da ist, dann ist dieser Knoten beim Vertäuen die beste Wahl. Mit einer Festigkeit von 70 % ist er nämlich einer der stabilsten Knoten, die es gibt. Und da er sich nicht festzieht und somit leicht wieder lösen lässt, haben Sie am Morgen gleich noch einen Grund zur Freude. Wenn Sie dem Schifferknoten nicht trauen, können Sie ihn noch mit einem Palstek (☞ S. 50) sichern.

Abb. 11

Mit einem extra halben Schlag um die stehende Part beenden

Früher wurden mit dem Schifferknoten übrigens nicht nur kleine, sondern auch große Schiffe vertäut (also festgemacht). Auf alten Segelschiffen hat man mit diesem Knoten z. B. Anker und Ankertrosse verbunden. Wie Sie sich bestimmt vorstellen können, war (und ist) es gar nicht so leicht, dicke Trosse in diese Form zu bringen.

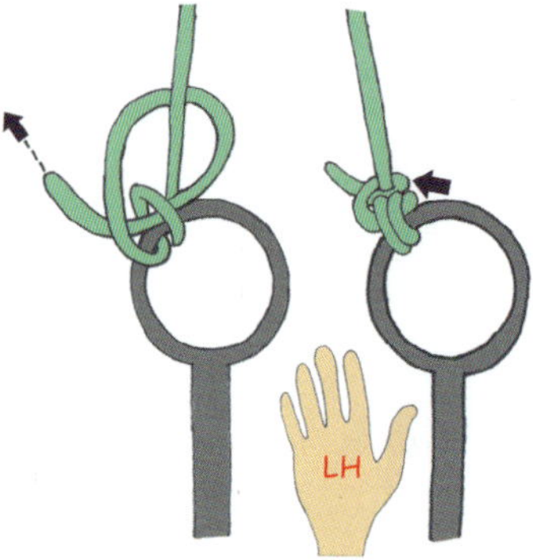

Kurze Trompete

Wenn Sie mal mit Ihrem Wohnmobil liegen bleiben oder Ihren Rucksack zum Schutz vor Bären in einen Baum hängen wollen, kennen Sie hoffentlich diesen Knoten. „Kurze Trompete“ klingt zwar nach einem eher niedlichen Knoten, in Wahrheit ist er aber sehr belastbar und eignet sich für Abschleppaktionen in allen Variationen und zum Aufhängen oder Heben von Lasten. Der große Vorteil liegt darin, dass sich die Belastung auf beide Seiten verteilt. Praktischerweise lässt er sich sehr einfach nachknoten. Formen Sie den Tampen einfach zu zwei Buchten, verdrehen Sie diese mehrmals, legen Sie sie über den Haken – oder woran auch immer Sie Ihr Seil festmachen wollen – und ziehen Sie den Knoten fest. Wenn Sie das Wohnmobil abgeschleppt haben oder der Bär verschwunden ist, können Sie den Knoten ganz leicht wieder lösen.

Wenn Sie Angler sind, können Sie die Kurze Trompete auch gut verwenden, um große Haken sicher an der Angelschnur zu befestigen. Unter Seefahrern ist dieser Knoten übrigens auch als Katzenpfote bekannt.

Abb. 12

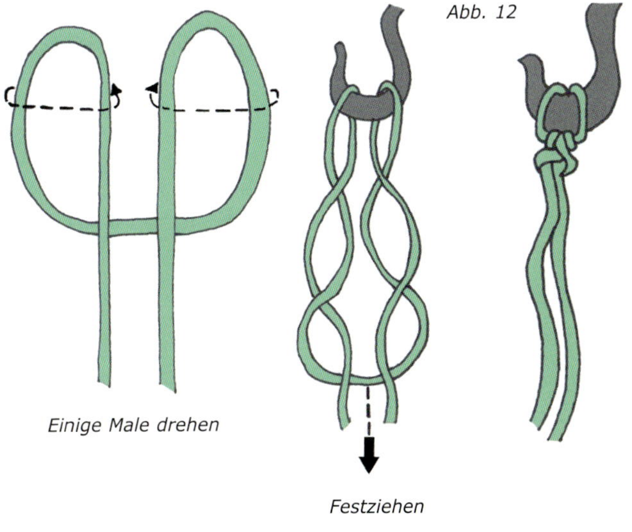

✓ Webeleinenstek

Der Webeleinenstek ist ein guter Festmacherknoten, mit ihm können Sie Ihr Kanu – oder jedes andere Boot – schnell und umkompliziert an einem Ring, einem Pfosten oder auch an einer waagerechten Stange festbinden. Vorsichtshalber sollten Sie ihn mit zwei halben Schlägen sichern (☞ Abb. 13c) – eigentlich hält der Knoten zwar gut, aber wenn er nicht durchgehend oder nur einseitig belastet wird, kann er sich lösen.

Der Webeleinenstek ist relativ einfach zu lernen und es ist gut, ihn zu beherrschen. Das hilft Ihnen auch bei einigen schwierigeren Knoten wie Laschings und Diamantstek.

Abb. 13a

Wenden Sie diese einfache Methode an, um einen Webeleinenstek an einem senkrechten Pfahl zu befesteigen.

Abb. 13b

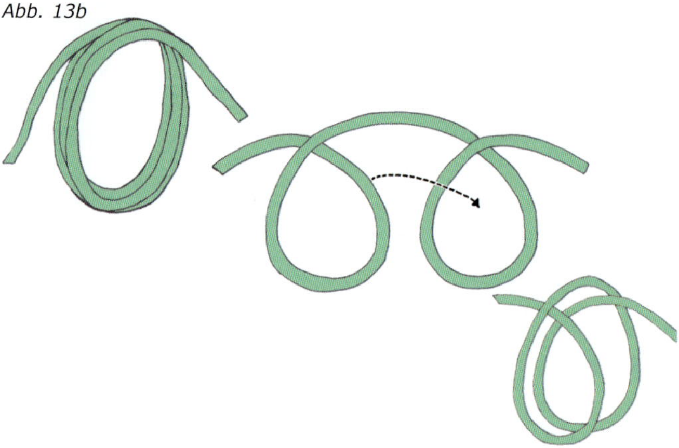

Abb. 13c

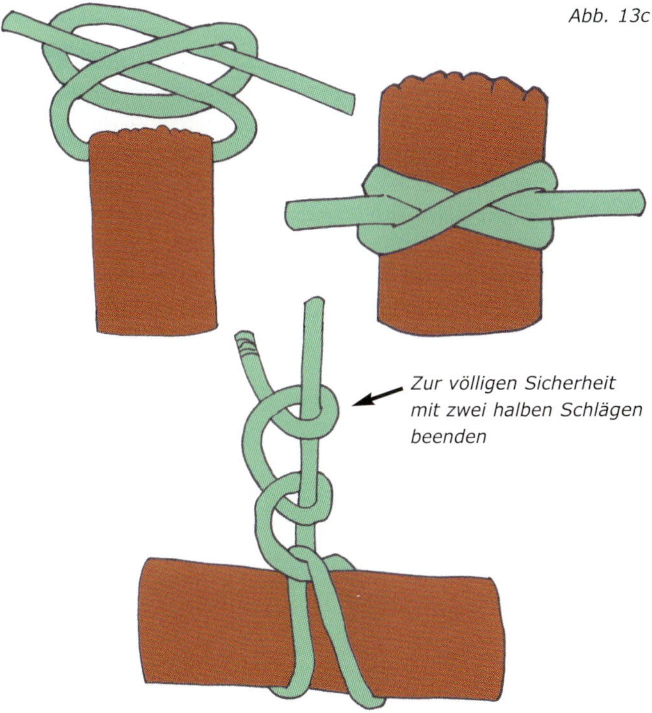
Zur völligen Sicherheit mit zwei halben Schlägen beenden

a

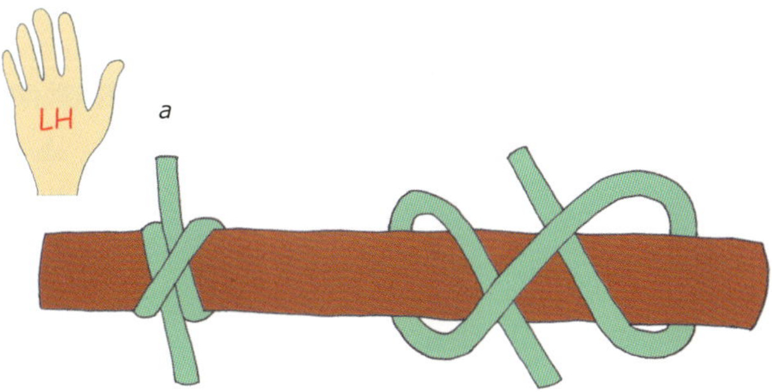
LH

Topsegelschotstek (Doppelter Webeleinenstek)

Wenn Sie regelmäßig mit dem Zelt unterwegs sind oder bei den Pfadfindern waren, werden Sie den Topsegelschotstek wahrscheinlich schon kennen, er eignet sich nämlich hervorragend, um Zeltschnüre zu binden und zu spannen (☞ Abb. 14d bis e). Die Schlinge, die sich beim Knoten bildet, lässt sich leicht verstellen und verschieben, zieht sich aber fest, wenn sie belastet wird.

Seeleute verwenden den Knoten als Doppelten Webeleinenstek (☞ Abb. 14a bis c) gerne als stabilere Alternative zum einfachen Webeleinenstek.

Abb. 14a

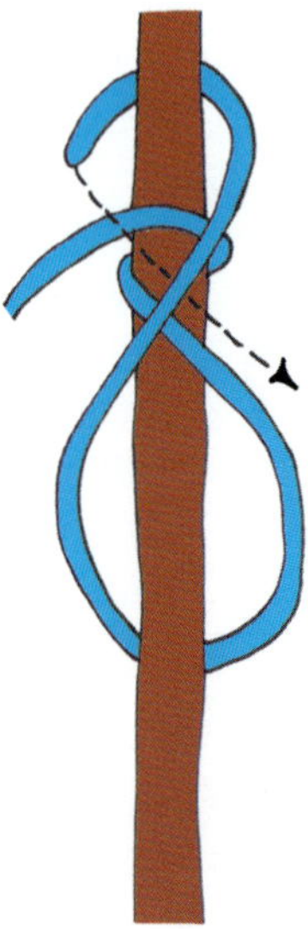

Abb. 14b

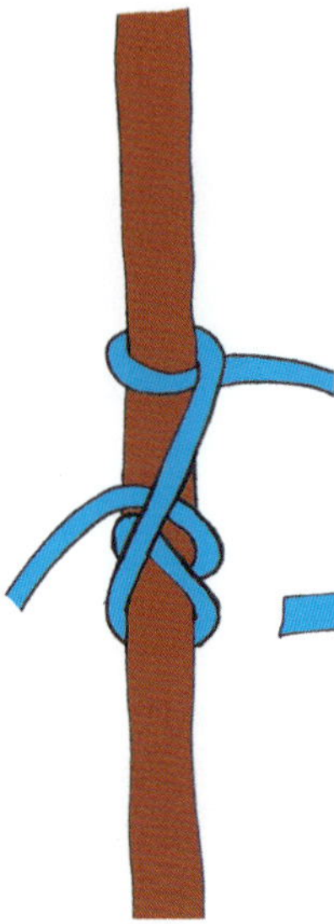

Abb. 14c

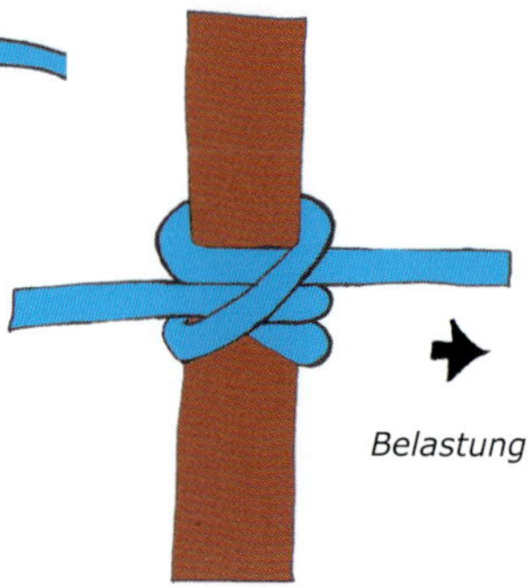

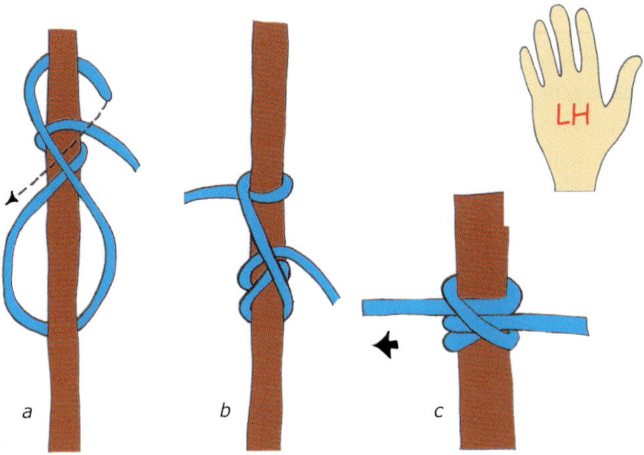

Abb. 14d

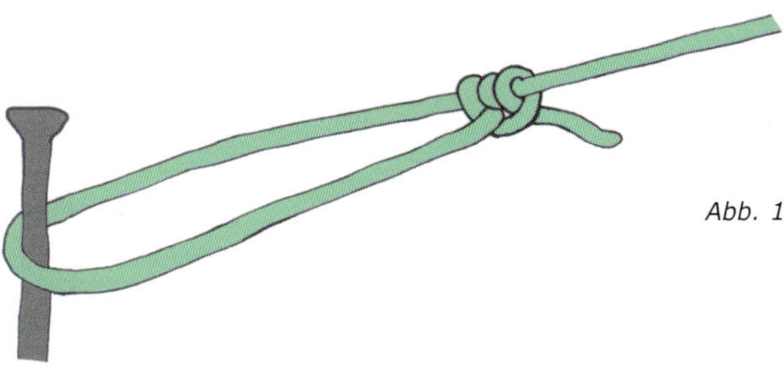

Abb. 14e

Hakenstek

Diesen Knoten sollten Sie vor allem dann lernen, wenn Sie gerne angeln gehen. Er ist ziemlich fest und deshalb gut geeignet, um Blinker oder Haken an der Angelleine zu befestigen. Da sich der Hakenstek relativ einfach knoten lässt, klappt das selbst mit kalten Händen ohne größere Probleme. Bei schweren Leinen sollten Sie ihn allerdings besser nicht verwenden.

Der Hakenstek wird auch als halber Blutknoten oder Clinchknoten bezeichnet.

Abb. 15a

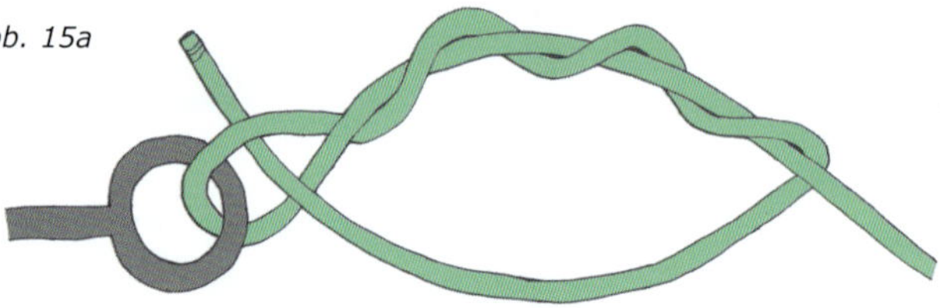

Abb. 15b

Törns

Der Törns oder Trilene-Knoten, wie er auch genannt wird, ist eine Variante des Hakensteks und ebenfalls vor allem unter Anglern beliebt, da man mit ihm Haken und Blinker problemlos an der Angelschnur festmachen kann. Durch die doppelte Schlaufe am Anfang erhöht sich die Belastbarkeit: Mit 80-90 % ist der Knoten sehr stabil. Der einzige Nachteil ist, dass die Schnur durch die Reibung beschädigt werden kann. Um das zu vermeiden, sollten Sie Ihre Angelschnur etwas befeuchten, bevor Sie den Knoten binden.

Abb. 16a

Abb. 16b

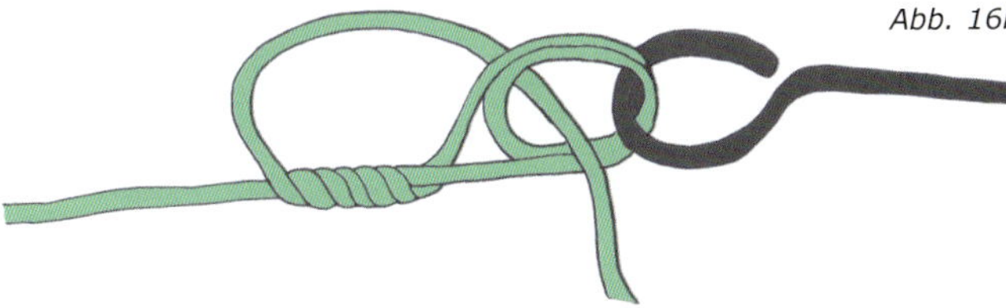

Abb. 16c

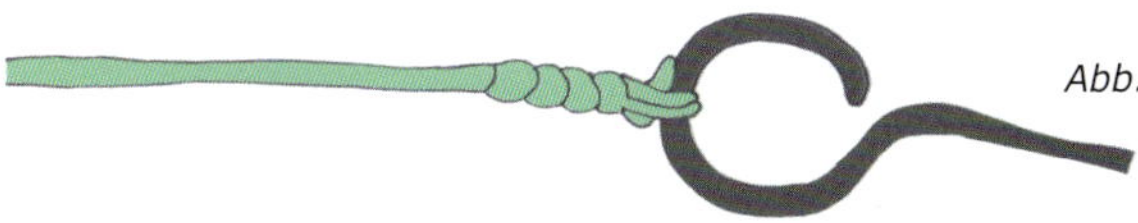

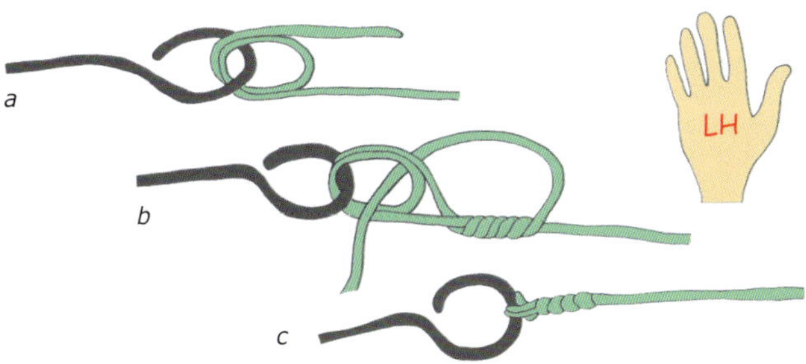

Achtknoten

Der Achtknoten wird als „Stopperknoten“ genutzt. Man knotet ihn ans Ende eines Seils und verhindert so z. B., dass das Seil aus einer Öse herausrutscht. Die Knottechnik ähnelt dem einfachen Überhandknoten (☞ Abb. 7), im Gegensatz zu diesem hat der Achtknoten aber mehr Volumen (☞ Abb. 17a) – sonst würde das mit dem Stoppen ja auch nicht funktionieren. Eine Abwandlung des Achtknotens ist der Packer- oder Paketknoten, den Sie in Abb. 17b sehen. Mit diesem Laufknoten können Sie gut Pakete verschnüren. Die Deutsche Post sieht das allerdings gar nicht gern ...

Der Achtknoten ist auch Basis für den Doppelten Achterknoten.

Abb. 17a

Abb. 17b

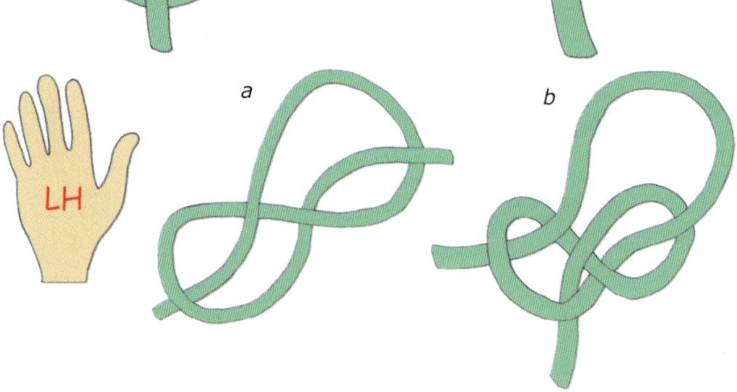

Lange Trompete

Die Lange Trompete ist praktisch, wenn Sie ein Seil vorübergehend kürzen wollen. Der Knoten lässt sich auch anwenden, wenn das Seil bereits festgebunden ist. Außerdem können Sie mit der Langen Trompete ein beschädigtes Seil stabilisieren, wenn Sie es nicht direkt reparieren können. Dabei müssen Sie natürlich darauf achten, dass die beschädigte Stelle sich in der Mitte des Knotens befindet (☞ Abb. 18b) und nicht belastet wird.

Damit die Lange Trompete besser hält, binden Sie zur Sicherung am besten am Ende einen kurzen Stock ein. Außerdem sollten Sie immer beide Enden gleichmäßig belasten.

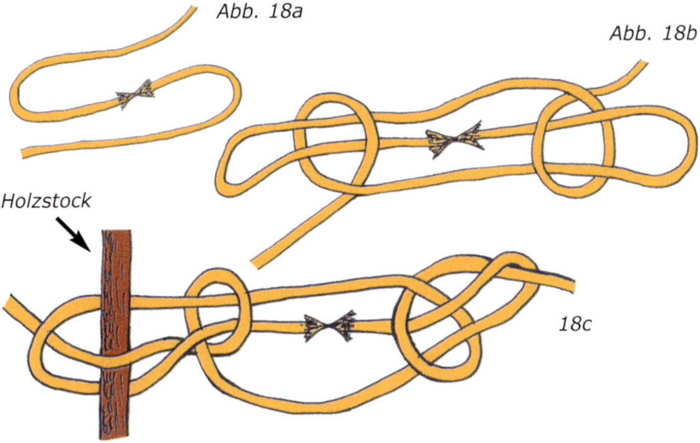

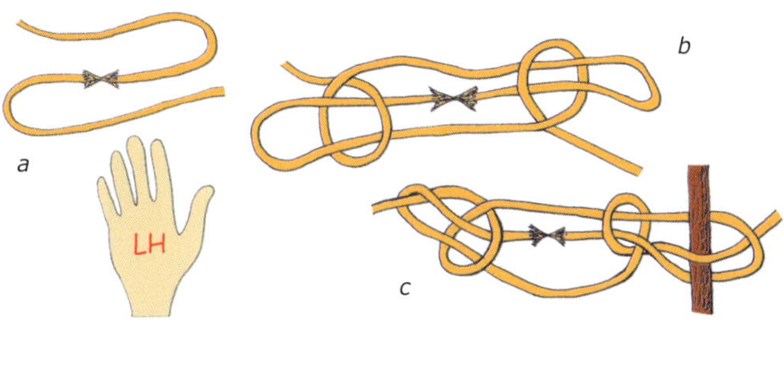

✓ Palstek

Der Palstek gehört zu den Klassikern unter den Knoten. Bei Seeleuten und Wassersportlern gehört er seit Langem zu den bekanntesten und am meisten benutzten Knoten. Aber auch bei Kletterern ist der Palstek beliebt, z. B. um das Sicherungsseil festzumachen. (Bei ihnen ist er allerdings eher als Bulinknoten bekannt.) Generell sollten Sie sich immer dann für den Palstek entscheiden, wenn Sie eine feste Schlinge und dafür einen besonders sicheren und belastbaren Knoten benötigen. Selbst wenn er unter Spannung steht, können Sie diesen Knoten problemlos lösen.

Abb. 19

Und so knoten Sie den Palstek: Als erstes formen Sie mit Ihrem Seil eine Schlinge (ein Auge). Danach ziehen Sie den Tampen von unten durch das Auge, führen ihn um die stehende Part und wieder nach unten durch das Auge.

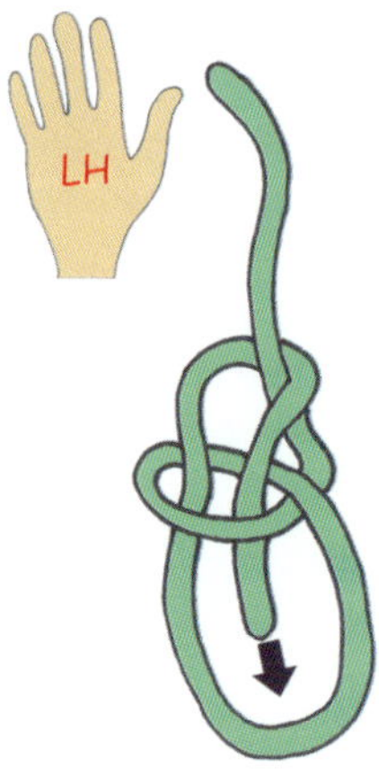

Leichter zu merken ist es vielleicht mit dieser tierischen Eselsbrücke: Der Fuchs (der Tampen) kommt durch das Loch hinauf, läuft um den Baum (die stehende Part) herum und schlüpft zurück ins Loch.

Noch ein Tipp: Wenn Sie vor dem Knoten überlegen, wie lang Ihr Tampen wohl sein muss, planen Sie lieber ein paar Zentimeter mehr ein – der Palstek gibt immer noch etwas nach, wenn er sich festzieht.

Gesicherter Palstek

Auch wenn der Palstek als sehr sicher gilt, kann er sich lockern. Diese Gefahr besteht vor allem dann, wenn Sie rutschige oder steife Seile verwenden. Am besten sichern Sie den Palstek also mit einem zusätzlichen Knoten, z. B. mit zwei halben Schlägen.

Abb. 20

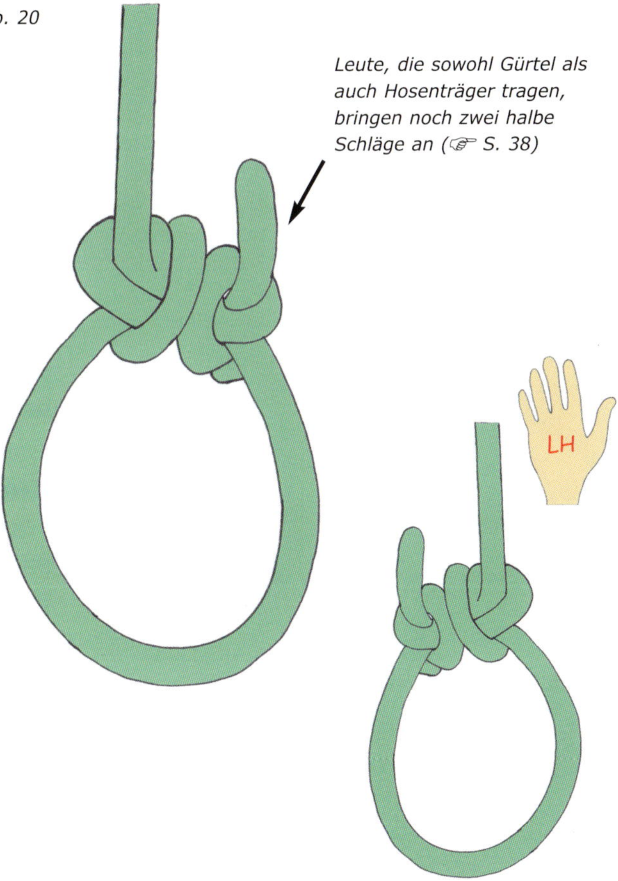

Doppelter Palstek

Der Doppelte Palstek ist schon etwas schwieriger zu knoten, aber es lohnt sich, ihn zu lernen. Ein großer Vorteil dieses Knotens ist, dass man ihn auch anwenden kann, wenn die Seilenden nicht frei sind. So kann man an jeder Stelle des Seils eine bzw. gleich zwei rutschfeste Schlingen herstellen. Der Doppelte Palstek wird u.a. als Rettungsschlinge verwendet. In der Schifffahrt werden Matrosen außerdem in einer solchen Schlinge zum Arbeiten in die Takelage hochgezogen oder zum Schiffsrumpf hinuntergelassen.

Wie der Name schon sagt, ist der Doppelte Palstek mit dem einfachen Palstek verwandt. Man kann ihn auf verschiedene Arten knoten, bei der hier vorgestellten wird das Seil direkt doppelt genommen. Im Prinzip knoten Sie den Doppelten Palstek ähnlich wie den einfachen, nur dass Sie die kleine Bucht nach außen über die große doppelte Bucht und an der stehenden Part hochziehen.

Abb. 21a

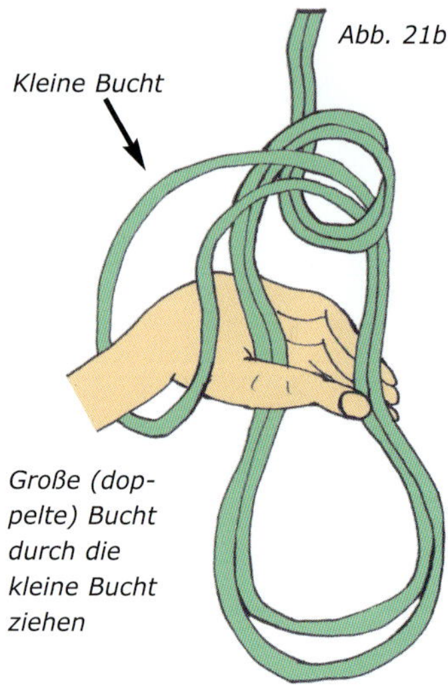

Abb. 21b

Abb. 21c

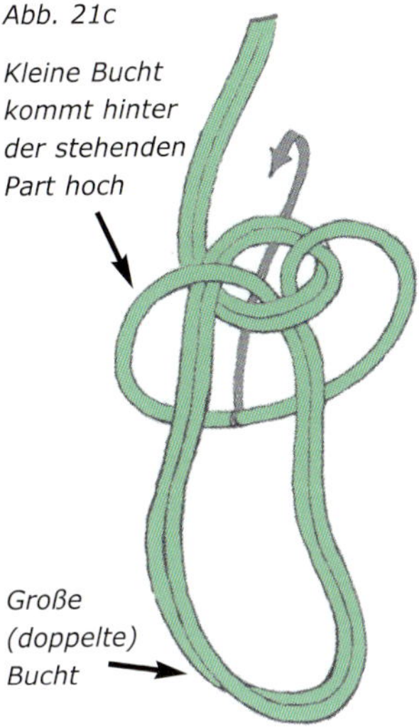

Abb. 21d

Abb. 21e

Abb. 21f

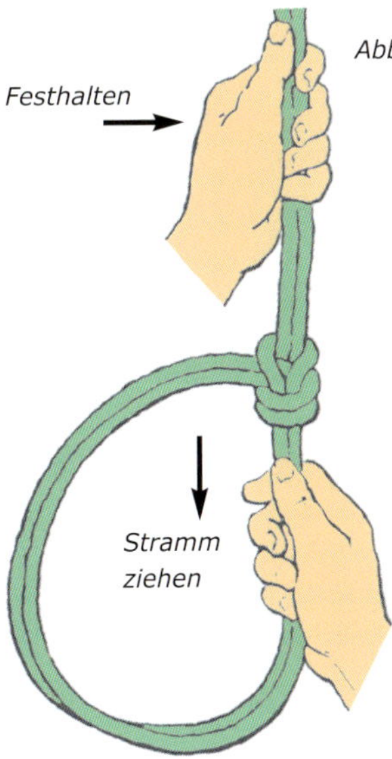

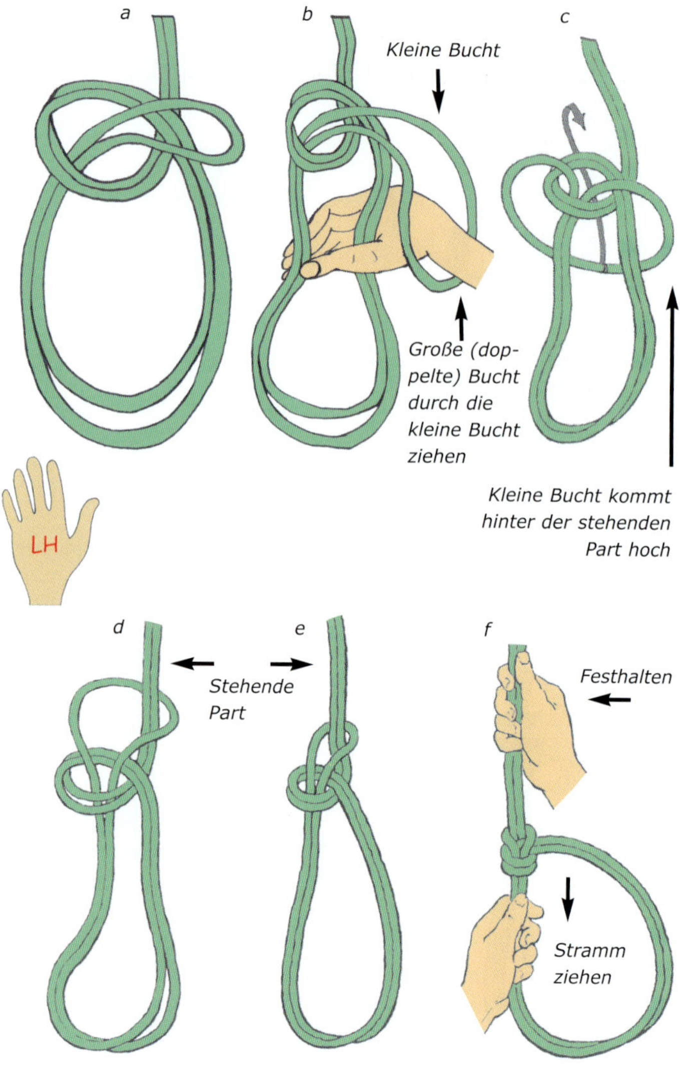
a
b
c
Kleine Bucht
Große (doppelte) Bucht durch die kleine Bucht ziehen
Kleine Bucht kommt hinter der stehenden Part hoch
LH
d
e
f
Stehende Part
Festhalten
Stramm ziehen

✓ Schmetterlingsschlaufe

Mit der Schmetterlingsschlaufe können Sie eine feste Schlinge in der Mitte eines Seils knoten. Wie der Palstek zieht sich dieser Knoten nicht fest zu. Die Schlinge ist rutschfest und kann in jeder Richtung belastet werden.

Die Schmetterlingsschlaufe ist sehr vielseitig und findet in verschiedenen Bereichen Anwendung. Wenn mehrere Menschen an einem Seil ziehen müssen, sind die Schlaufen z. B. sehr praktisch, um sicher greifen zu können. Beim Angeln können Sie die Schmetterlingsschlaufe gut gebrauchen, wenn Sie mehrere Sinker an der Schnur festmachen wollen. Bergsteiger verwenden die Schmetterlingsschlaufe (oder den Alpinen Schmetterlingsknoten, wie er auch heißt), um die Sicherungshaken zu befestigen oder sich mit dem Karabiner im Seil einzuklinken. Außerdem können Sie mit der Schmetterlingsschlaufe auch eine beschädigte Stelle im Seil überbrücken.

Abb. 22

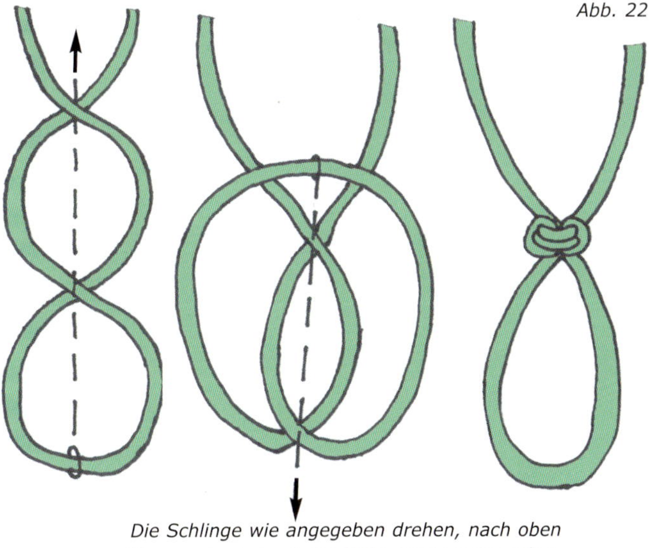

Die Schlinge wie angegeben drehen, nach oben biegen, dann durch die Mitte nach unten ziehen.

Achter Buchtknoten

Dieser Knoten ähnelt dem Palstek und ist bei Kletterern sehr beliebt. Sie kennen ihn vielleicht auch unter dem Namen Achterknoten oder Achtschlaufe. Wie Sie in der Zeichnung sehen, ist der Achter Buchtknoten relativ einfach zu knoten, selbst bei steifen Seilen oder in schwierigen Situationen. Da er sehr fest ist und nicht schnell rutscht, sollten Sie ihn vor allem bei dünneren Leinen dem Doppelten Palstek vorziehen, wenn Sie eine feste Schlaufe mitten im Seil benötigen. (Für dicke Seile eignet sich aber der Palstek oft besser.) Der einzige Nachteil dieses Knotens ist, dass Sie ihn im Nachhinein kaum verändern und nur mit Mühe wieder lösen können, wenn er einmal richtig belastet wurde.

Der Achter Buchtknoten wird oft beim Klettern oder Bergsteigen verwendet, z. B. um ein Seil am Karabiner zu befestigen oder Personen abzuseilen. Auch sonst kann der Knoten vielseitig eingesetzt werden.

Abb. 23a

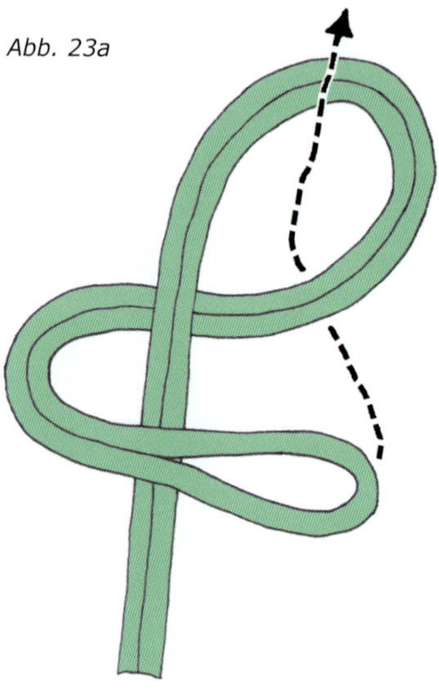

Abb. 23b

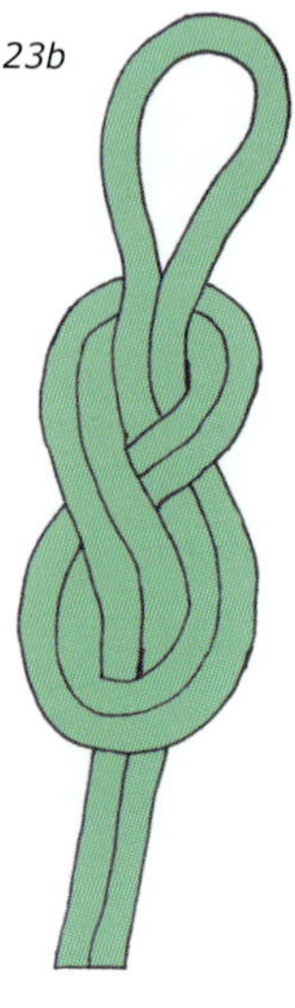

Ringstropp

Dieser Knoten ist wirklich praktisch: Unter Belastung sitzt er völlig fest, wenn Sie die Last wegnehmen, lässt er sich problemlos bewegen. Die Schlinge können Sie bilden, indem Sie die beiden Seilenden z. B. mit einem Fischerstek verknüpfen. Kletterer und Bergsteiger benutzen den Ringstropp gerne, wenn sie an einem senkrechten Seil klettern. Bei ihnen ist der Knoten allerdings eher unter dem Namen Prusikknoten bekannt. Das Seil, mit dem der Knoten geknüpft wird, sollte dabei dünner sein als das, an dem es festgemacht wird.

Natürlich ist der Ringstropp aber auch außerhalb der Berge nützlich, z. B. um einen Regenunterstand zu bauen.

Abb. 24a

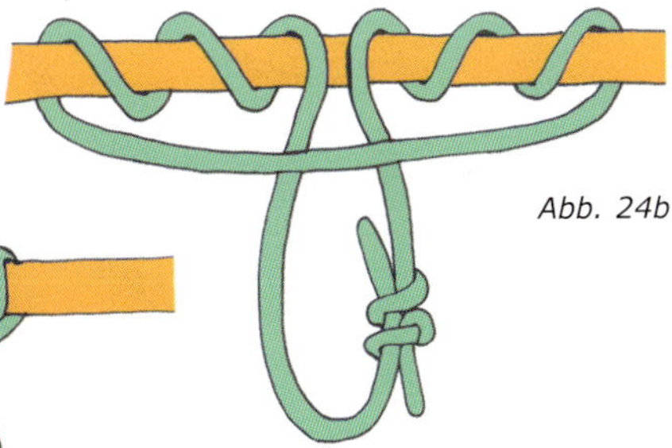

Abb. 24b

Abb. 24c

Maurerknoten

Vielleicht stehen Sie ja auch einmal vor dem Problem, dass der Verschluss Ihres Packsacks nicht mehr funktioniert und Sie vermeiden wollen, dass Ihr Gepäck durch das ganze Boot kugelt. In dieser Situation hilft Ihnen der Maurerknoten, der alle beutelähnlichen Gepäckstücke zuverlässig verschließt. Unsere Anleitung zeigt Ihnen, wie es geht. Achten Sie darauf, dass Sie das Seil beim ersten Schlag über den Zeigefinger führen, beim zweiten unter ihm her! Jetzt müssen Sie das Seil nur noch durch die obere Schlinge ziehen (☞ Abb. 25b). Wenn Sie möglichst schnell wieder an den Inhalt des Sackes kommen möchten, binden Sie einfach am Ende einen Slipstek. Schon lässt sich der Knoten leichter lösen.

Abb. 25a

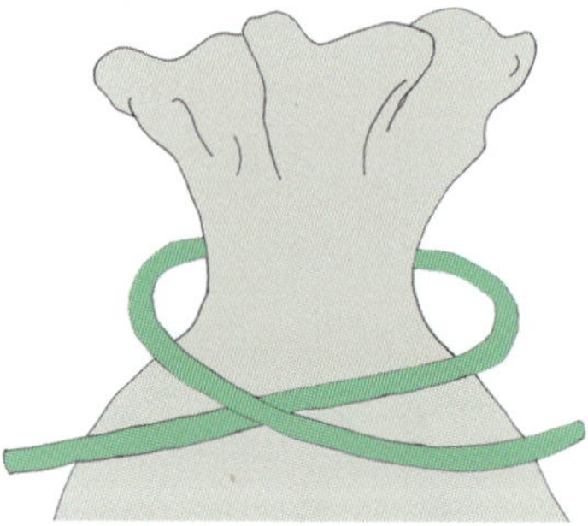

Abb. 25b

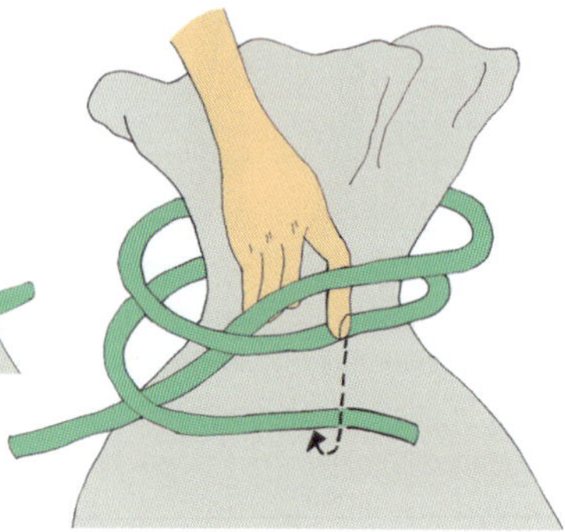

Abb. 25c

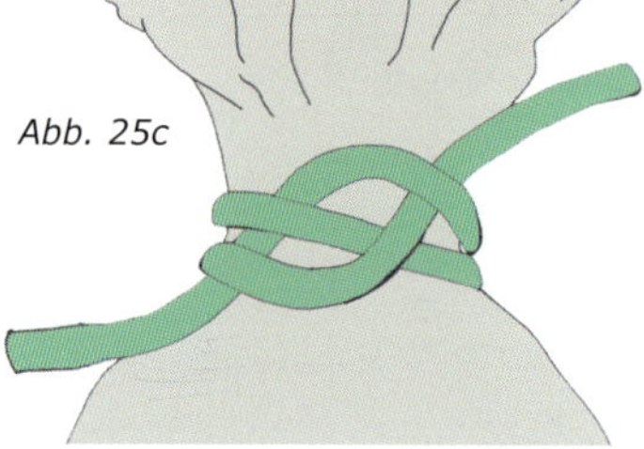

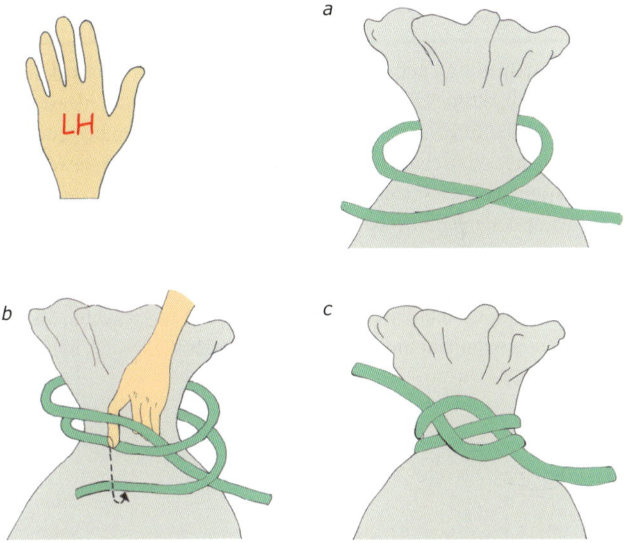

Marlschlag

Der Marlschlag ist ein typischer Seefahrer-Knoten: Sie verwenden ihn gerne, um ihre Hängematten zu verschnüren. Dementsprechend eignet sich dieser Knoten auch für alles andere, was ungefähr dieselbe Form hat und praktisch verpackt werden muss: zusammengerollte Luftmatratzen, Decken oder auch Pakete. Die Verschnürung hält aber nur, wenn das Seil unter der Wicklung durchgeführt wird, daran müssen Sie denken!

Abb. 26

Diamantstek

Um Gepäck im Kanu, auf dem Autodach oder auf dem Fahrrad sicher zu verstauen bzw. zu verschnüren, ist der Diamantstek der ideale Knoten. Die Seilführung sorgt für eine durchgängige Spannung und eine gleichbleibend straffe Verschnürung. Selbst wenn mal etwas verrutscht, können Sie sich auf diesen Knoten verlassen.

Früher war der Diamantstek vor allem bei Handelsreisenden und Abenteurern beliebt, die damit das Gepäck auf ihren Packtieren festgebunden haben. Wenn Sie gerne mit Pferd oder Esel in der Natur unterwegs sind, ist dieser Knoten also wie für Sie gemacht. Mit der Verschnürung beginnen Sie dann am Bauchriemen.

Abb. 27a

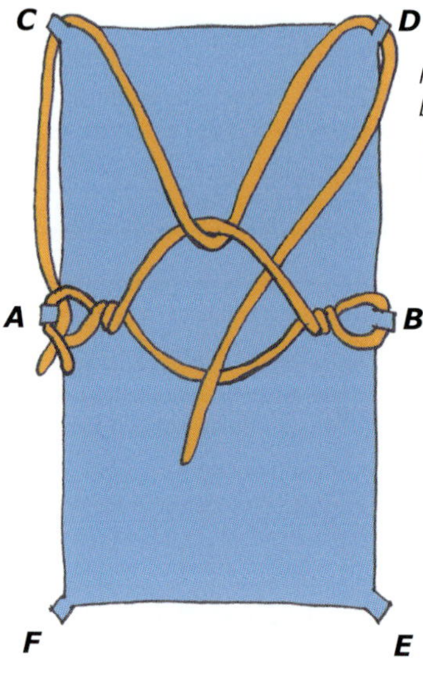

Abb. 27b

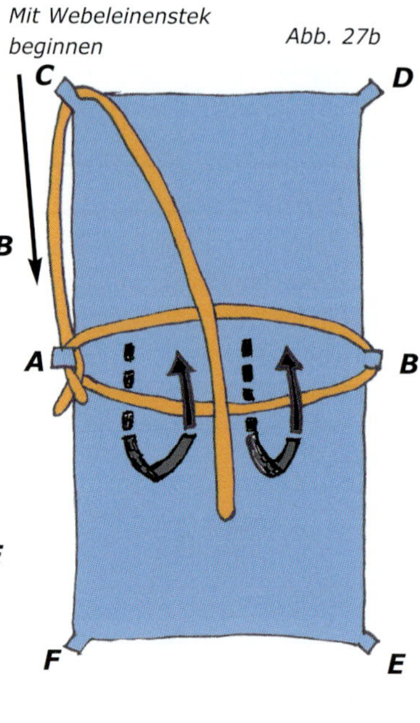

Mithilfe unserer Zeichnung ist es gar nicht so schwer, den Diamantstek nachzuknoten. Als erstes machen Sie Ihr Seil an Punkt A mit einem Webeleinenstek fest. Dann legen Sie es nacheinander um Punkt B, wieder um A und um C. Die beiden Leinen zwischen A und B verdrehen Sie nun einige Male, führen den Tampen hindurch und danach weiter zu D, E, F und zurück zu A. Jetzt müssen Sie das Seil nur noch straffziehen und mit zwei halben Schlägen fixieren.

Vielleicht haben Sie sich die Frage gestellt, warum dieser Knoten eigentlich Diamantstek heißt. Die Erklärung ist ganz einfach: weil die in der Mitte entstandene Form der des geschliffenen Edelsteins ähnelt.

Abb. 27c

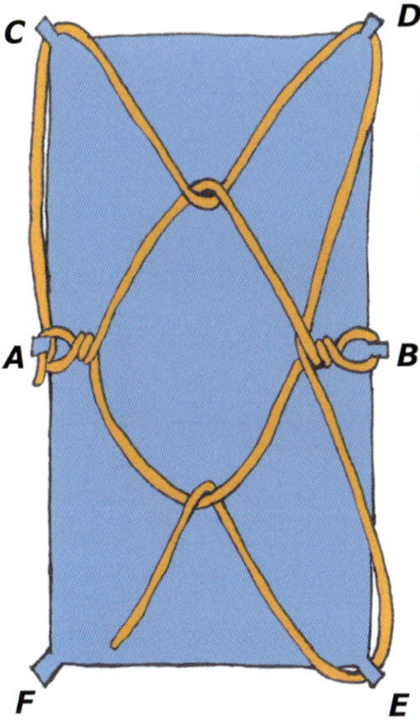

Abb. 27d

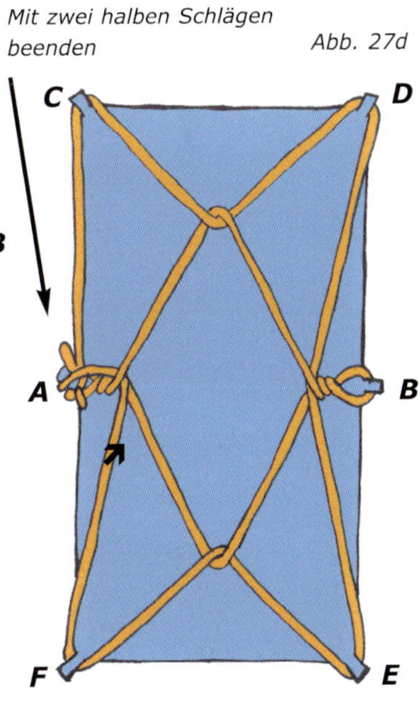

✓ Zimmermannsstek

Zimmermänner und Holzfäller haben diesen Knoten früher benutzt, um schwere Balken oder ähnlich große und schwere Materialien zu bewegen. (Er ist auch als Holzfällerstek bekannt.) Dementsprechend ist er sehr belastbar (ca. 70 %) und rutschfest. Trotzdem lässt er sich leicht wieder lösen.

Vielleicht kommen Sie ja auch mal in die Situation, dass Sie etwas Schweres ziehen müssen, z. B. weil ein Baumstamm Ihnen den Weg versperrt. In diesem Fall ist der Zimmermannsstek genau der richtige Knoten, zumal er sich schnell knüpfen lässt. Wenn Sie vermeiden wollen, dass sich Ihr Baumstamm – oder was auch immer Sie ziehen wollen – hin und her dreht, binden Sie zur Stabilisierung einfach noch einen halben Schlag am anderen Ende (☞ Abb. 28b).

Abb. 28a

Abb. 28b

Balkenstek

Der Balkenstek ist ebenfalls ein guter Knoten, um lange Gegenstände – z. B. einen Stamm oder einen Mast – zu bewegen. Er ist leicht nachzuknoten: Legen Sie einfach ein paar Schlingen um den Stamm, verdrehen Sie sie und fixieren Sie das Ganze mit zwei halben Schlägen. Wenn Sie am oberen Ende ebenfalls einen halben Schlag (oder mehrere) anbringen, ist es leichter, den Gegenstand beim Ziehen auf gerader Linie zu halten.

Abb. 29

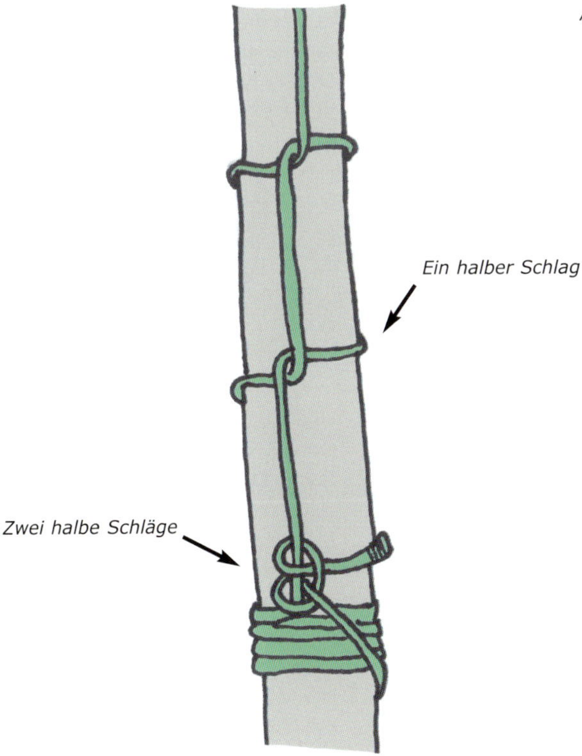

✓ Kraftzug (Truckerknoten)

Wenn Sie auch zu den Autofahrern gehören, die lieber auf kleinen, einsamen Wegen als auf breit ausgebauten Autobahnen unterwegs sind, sollten Sie vor Ihrem nächsten Ausflug unbedingt diesen Knoten üben – Sie werden uns für diesen Rat noch dankbar sein! Auf matschigen oder verschneiten Wegen passiert es nämlich immer mal wieder, dass das Auto stecken bleibt. Mit ein paar Helfern zum Ziehen, 20 m Nylonseil der Stärke 10 mm und diesem Knoten kommen Sie da aber wieder raus. Sorgen Sie zunächst dafür, dass unter dem Auto nur noch möglichst wenig Matsch liegt. (Im Idealfall haben Sie eine Schaufel dabei.) Befestigen Sie das Seil nun an einem Ende am Auto und am anderen mit einem Kraftzug an einem Baum. Dieser sollte natürlich stabil genug sein! Nun müssen Sie und Ihre Helfer nur noch kurz mit Schwung an dem Seilzug ziehen und schon dürfte Ihr Auto wieder frei sein.

Wichtig ist, dass Sie genau so anfangen, wie wir es für Sie aufgezeichnet haben: Sie starten mit einem Überhandknoten (☞ Abb.

Abb. 30a

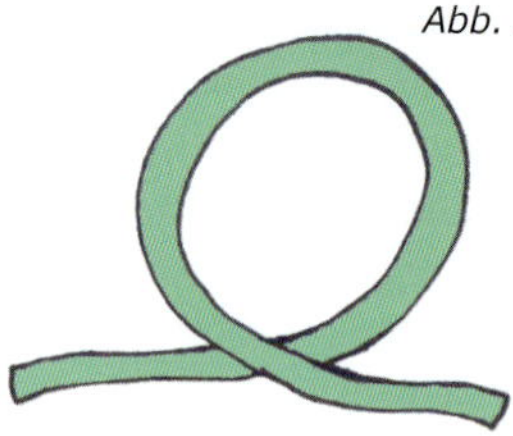

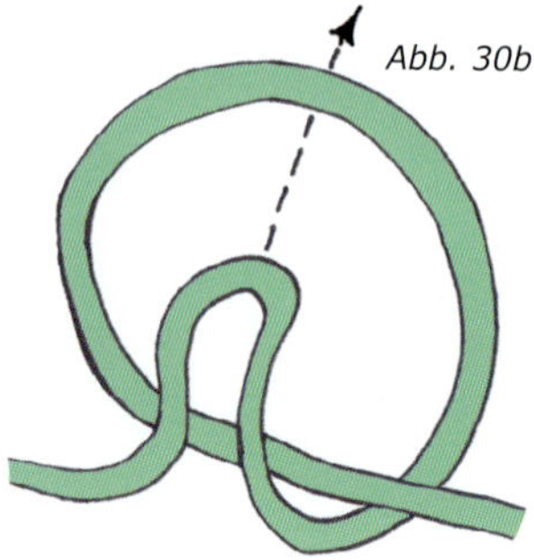

Abb. 30b

Abb. 30c

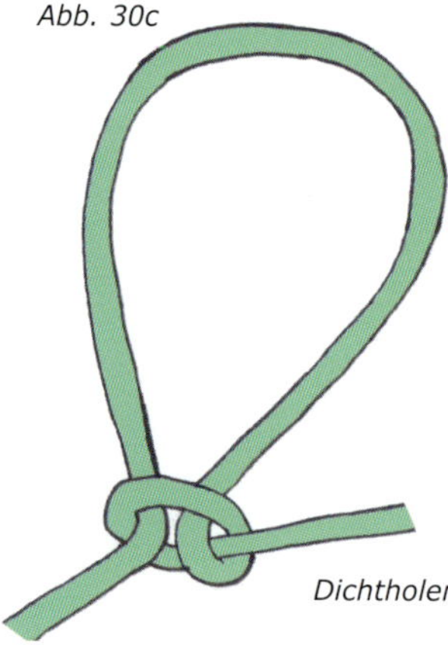

30a) und ziehen dann die Bucht durch das Auge (☞ Abb. 30b). Sonst funktioniert der Knoten nicht!

Der Truckerknoten ist übrigens nicht nur zum Freiziehen von Autos praktisch, sondern bietet sich auch an, um Zeltschnüre zu spannen oder Gepäck festzubinden – egal ob es nun das Boot auf dem Anhänger oder das Surfbrett auf dem Autodach ist. Dazu legen Sie Ihr Seil um einen Haken an der Stoßstange (☞ Abb. 30d), ziehen es fest und sichern es mit ein oder zwei halben Schlägen (☞ Abb. 30e). Alternativ können Sie am Ende natürlich auch einen Slipstek anwenden, wenn es Ihnen wichtig ist, den Knoten schnell lösen zu können (☞ Abb. 30f).

Abb. 30d

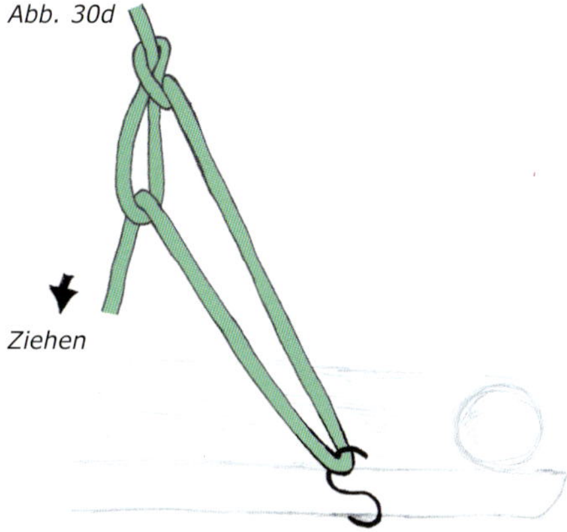

Abb. 30e

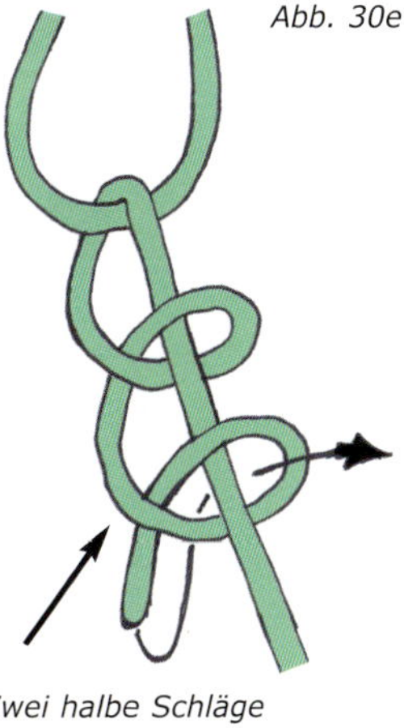

Zwei halbe Schläge

Abb. 30f

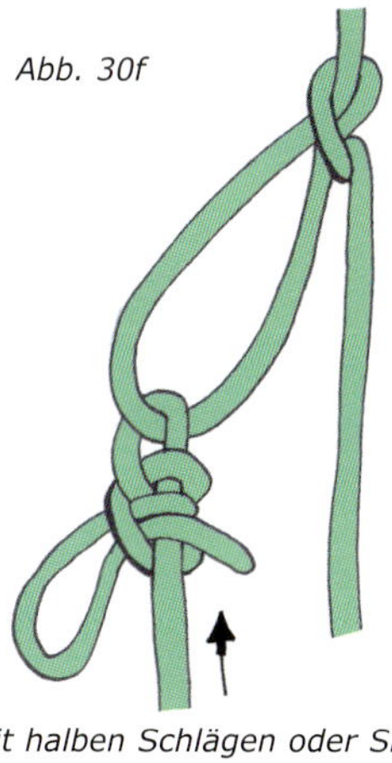

Mit halben Schlägen oder Slipstek um ein oder beide Enden sichern

Mehrfachzug

Eine Variation des Kraftzugs ist der Mehrfachzug, der auch als „Z-Zug“ bekannt ist. Meist ist es zwar ausreichend, mit einem Kraftzug zu arbeiten, aber wenn Sie das Auto z. B. in besonders zähem Schlamm festgefahren haben, kann der Mehrfachzug hilfreich sein. Formen Sie mit dem freien Seil eine weitere Schlaufe (☞ Abb. 31). Durch die vergrößerte Hebelwirkung können Sie mit dem so verdoppelten Zug deutlich mehr Kraft aufbringen. Der einzige Nachteil ist, dass dabei natürlich auch die Reibung am Seil größer ist.

Das Prinzip des Mehrfachzug wird übrigens auch bei Rettungsaktionen angewandt.

Abb. 31

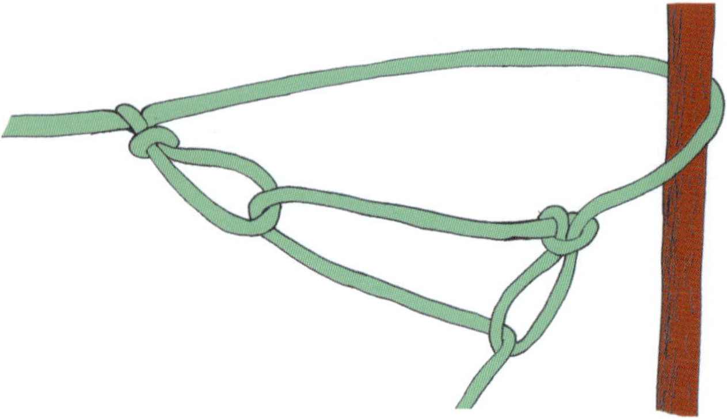

Lasching zum Verbinden eines Dreibeins

Ob Sie ein Tipi bauen wollen, ein Gestell für Ihren Grillrost brauchen oder einen Ersatz für Ihr Stativ basteln wollen – um Konstruktionen mit drei Beinen zum Stehen zu bringen, ist dieser Knoten ideal.

Legen Sie die drei Äste oder Stangen, die Sie verbinden wollen, parallel auf den Boden. Die mittlere drehen Sie so um, dass das untere Ende in die entgegengesetzte Richtung zeigt (☞ Abb. 32a). An einer der äußeren Stangen machen Sie Ihr Seil nun mit einem Webeleinen- oder Balkenstek fest, anschließend legen Sie das Seil mehrmals (ca. sechs- bis achtmal) um alle drei Stangen. Schlingen Sie das Seilende nun jeweils zweimal zwischen den Stangen um das gewickelte Seil und binden Sie es an der mittleren Stange fest. Als Abschlussknoten empfiehlt sich der Webeleinenstek, oder, falls Sie den Knoten schnell wieder lösen können wollen, ein Slip-Webeleinenstek.

Wenn Sie nur zwei Stangen verbinden wollen, gehen Sie ähnlich vor. Dieser Knoten heißt dann Wantbändsel.

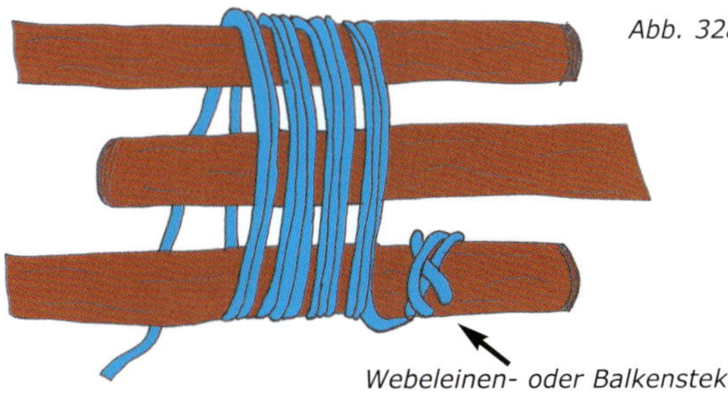

Abb. 32a

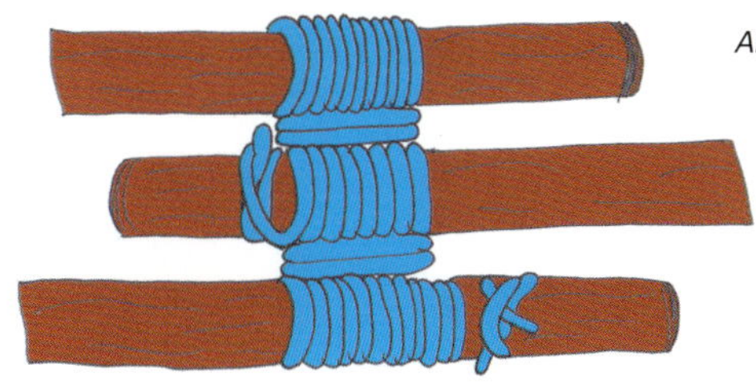

Abb. 32b

Kreuzfestmacher

Diesen Knoten kennen Sie vielleicht auch unter dem Namen Kreisbund. Mit seiner Hilfe können Sie zwei Balken, Stangen o.Ä. rechtwinklig zusammenbinden.

Fixieren Sie das Seil zunächst mit einem Webeleinenstek oder einem Zimmermannsknoten am senkrechten Pfosten, direkt unter dem waagerechten Balken. Führen Sie das Seilende jetzt vor dem waage-

Abb. 33a

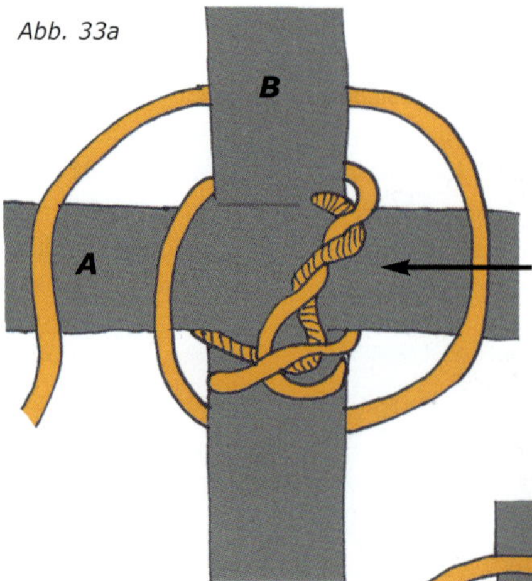

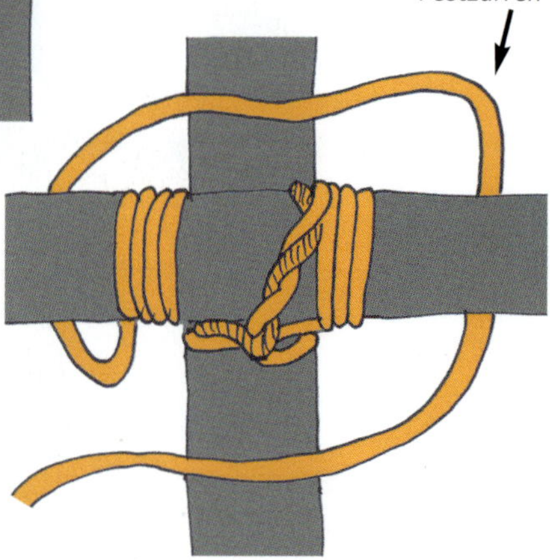

Abb. 33b

rechten Balken nach oben, hinter dem senkrechten her und vor dem waagerechten wieder nach unten. Ziehen das Seil straff, führen Sie es hinter dem senkrechten Pfosten her und wie zuvor weiter nach oben. Schlingen Sie das Seil auf diese Weise drei- oder viermal um das Kreuz und zurren Sie den Knoten anschließend fest (☞ Abb. 33b und c). Das lose Seilende fixieren Sie schließlich mit einem Webeleinenstek am waagerechten Balken.

Abb. 33c

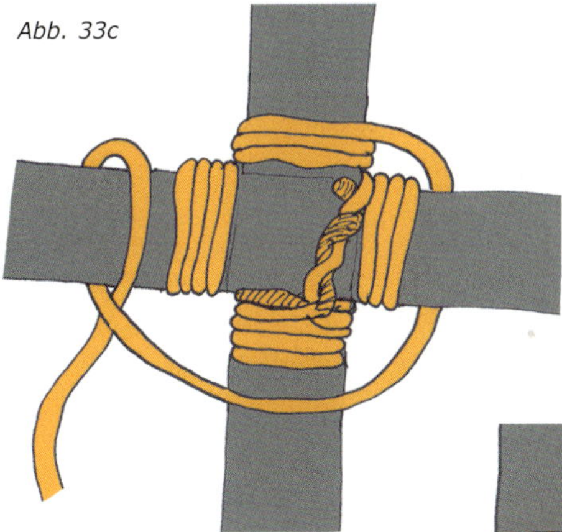

Abb. 33d

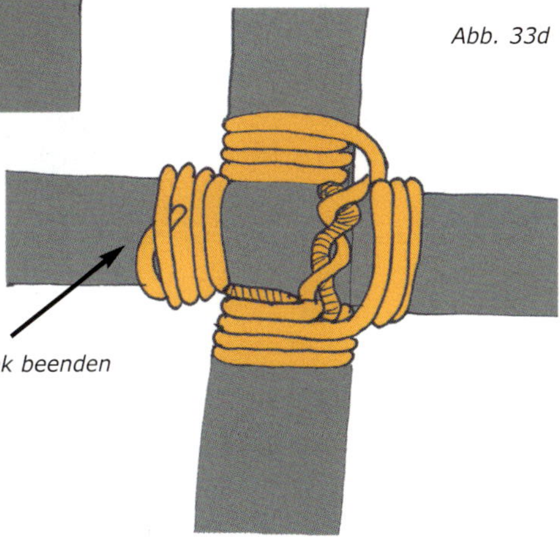

Mit Webeleinenstek beenden

Fischerstek

Wenn Sie zwei Seile verbinden wollen, lässt sich das mithilfe eines Fischersteks leicht bewerkstelligen. Dieser Knoten ist besonders praktisch, wenn Sie dünne Leinen verknüpfen wollen, z. B. Angelschnüre. Die Schnüre sollten dabei dieselbe Stärke haben.

Der Knoten hat übrigens noch einen Vorteil: Um ihn binden zu können, werden Sie nicht lange üben müssen. Er wird aus zwei einfachen Überhandknoten gebildet.

Der Fischerstek ist auch unter einigen anderen Namen bekannt, z. B. als Englischer Knoten oder Spierenstich.

☺ Binden Sie den Knoten gegen den Schlag des Seils, dann hält er besser!

Abb. 34

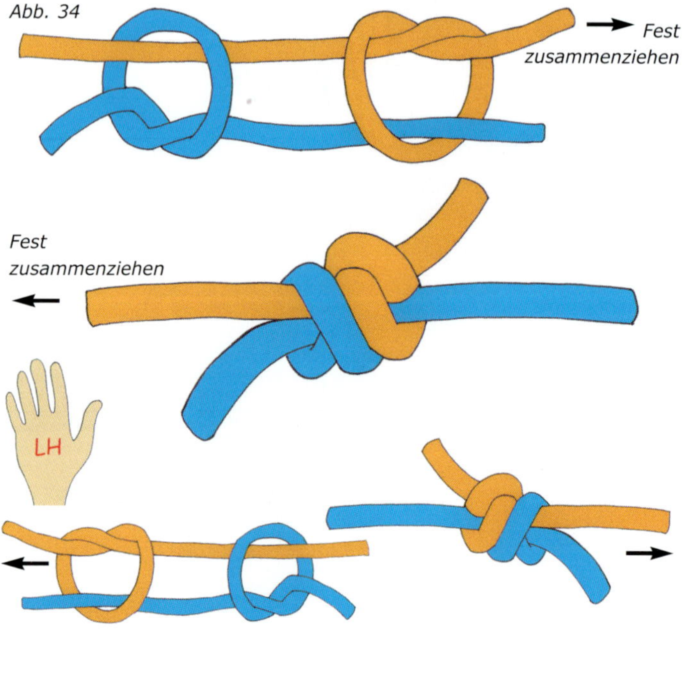

✓ Einfacher Schotstek/Schotstek mit Slip/Doppelter Schotstek

Wenn Sie zwei Seile miteinander verknüpfen wollen, die nicht dieselbe Stärke haben und aus unterschiedlichem Material gemacht sind, können Sie den Schotstek anwenden. Achten Sie darauf, dass jeweils beide Enden des Seils in dieselbe Richtung zeigen (☞ Abb. 35a), sonst hält der Knoten nicht richtig. Absolut zuverlässig ist der Schotstek allerdings sowieso nicht, Sie sollten ihn also nicht zu stark belasten!

Abb. 35a

Einfacher Schotstek

Wenn Sie die Seile gerne schnell wieder trennen können möchten, können Sie am Ende wieder den Slipstek binden (☞ Abb. 35b).

Abb. 35b

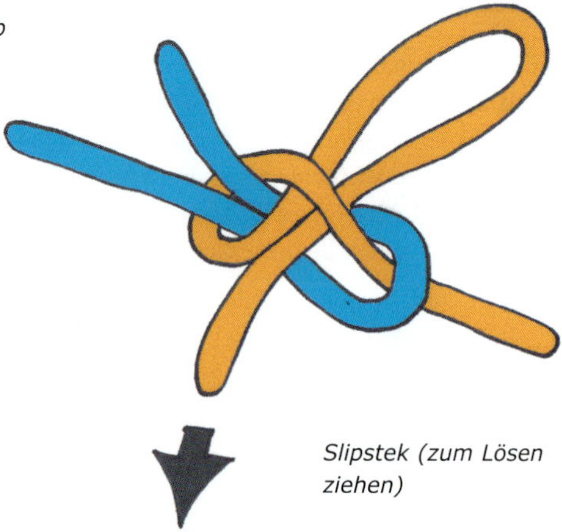

Slipstek (zum Lösen ziehen)

Der Doppelte Schotstek wird fast auf dieselbe Art geknotet wie der einfache, Sie legen Ihr Seil einfach ein zweites Mal um die Bucht (☞ Abb. 35c). Er lässt sich also ähnlich schnell knoten, ist aber etwas zuverlässiger als der einfache Schotstek. Gerade bei rutschigen Plastiktauen sollten Sie sich deshalb immer für die doppelte Variante entscheiden! Bei wechselnder Belastung halten allerdings beide Versionen nicht besonders gut.

Abb. 35c *Doppelter Schotstek*

Doppelter Schotstek

Den Schotstek verwendet man z. B. zum Festmachen einer Wurfleine am Ende einer schweren Trosse.

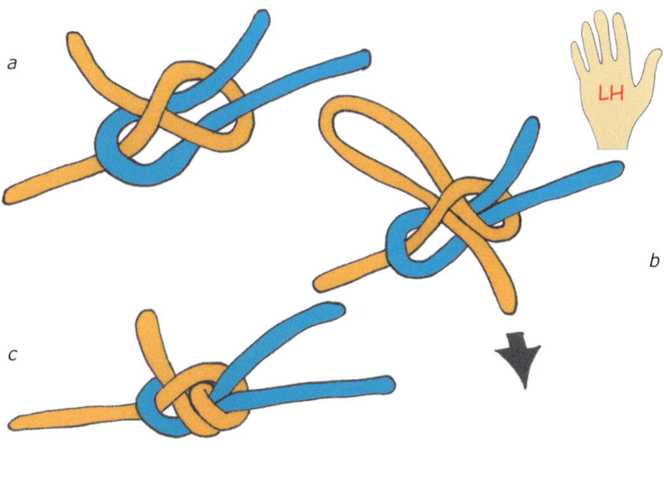

Gurtknoten

Streng genommen ist der Gurtknoten kein richtiger Knoten, aber vielleicht können Sie ihn trotzdem einmal gebrauchen. Sie müssen nur zwei einfache halbe Schläge gegeneinander knoten.

Abb. 36

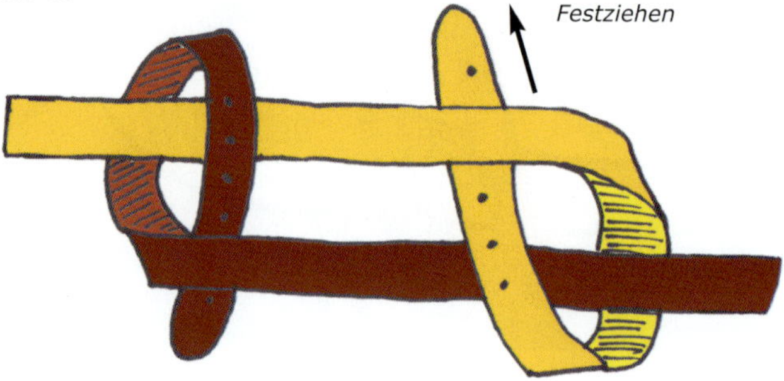

Blutknoten ☞ folgende Seite

Blutknoten

Der Blutknoten ist bei Anglern sehr beliebt. Er ist dem Fischerstek ähnlich, hat aber mehr Schlingen und ist deshalb gerade bei rutschigen Kunststoffschnüren die bessere Wahl.

Legen Sie die beiden Seile, die Sie verknüpfen wollen, nebeneinander und schlingen Sie das eine Seil einige Male um das andere. Danach führen Sie das Seil durch die Schlingen zurück zum Anfang. Auf dieselbe Weise verfahren Sie nun mit dem anderen Seil, am Ende ziehen Sie die Knoten stramm und schieben sie zusammen.

Abb. 37a

Abb. 37b

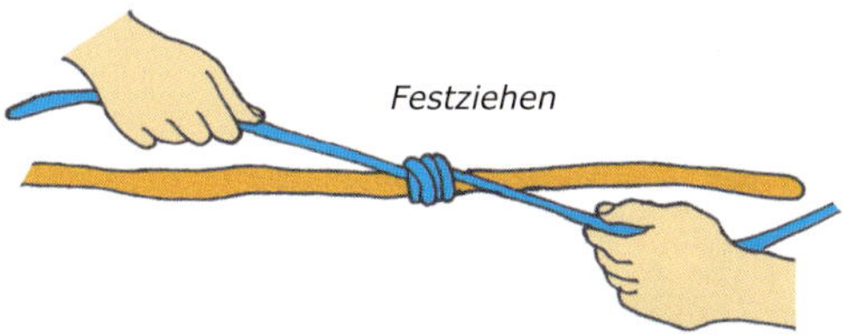

Abb. 37c

Abb. 37d

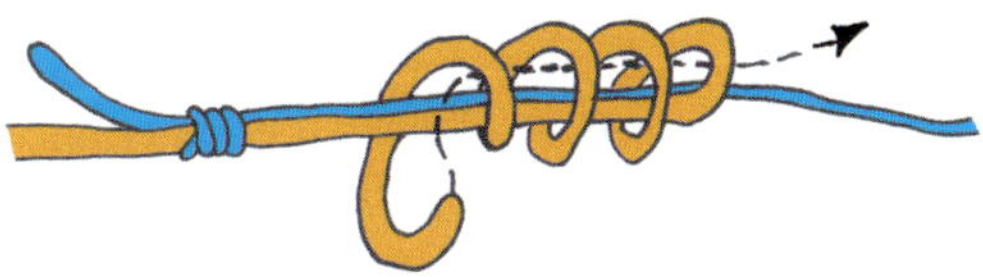

Abb. 37e

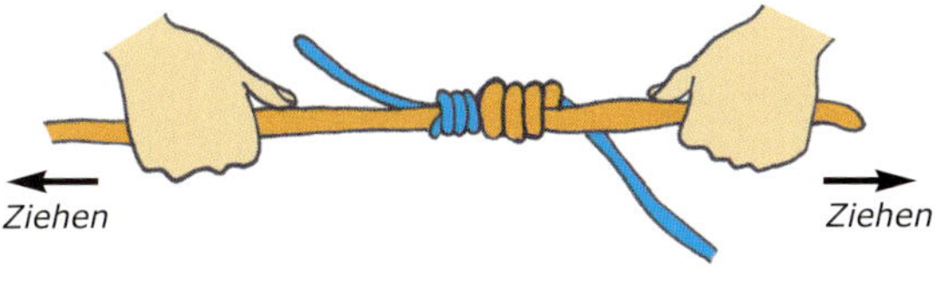

Kreuzknoten

Der Kreuzknoten eignet sich ebenfalls gut, um zwei gleich starke Seile zu verbinden. Wenn die Seile einer Belastung ausgesetzt sind, sind andere Knoten wie Schotstek, Fischerstek oder Trossenstek (zwei Palsteke) allerdings die bessere Wahl. Der Kreuzknoten löst sich nämlich leicht, wenn er ungleichmäßig oder gar nicht mehr belastet wird.

In der Seefahrt wird dieser Knoten verwendet, um Gepäck auf dem Schiff sicher festzubinden oder um die Segel zu reffen. (Deshalb heißt er auch Reffknoten.) Inzwischen findet er aber auch in vielen anderen Bereichen Anwendung, z. B. beim Anlegen von Verbänden oder Dreieckstüchern oder beim Verschnüren von Paketen.

Das Knoten selbst ist relativ einfach: Binden Sie, wie in Abb. 38a gezeigt, zwei Überhandknoten in umgekehrter Richtung übereinander, den ersten rechts über links (rechtshändig) und den zweiten links über rechts (linkshändig). Dann müssen Sie den Knoten nur noch festziehen. Wenn beide Enden parallel zueinander liegen (in unserer Zeichnung beide oben), haben Sie alles richtig gemacht.

Abb. 38a

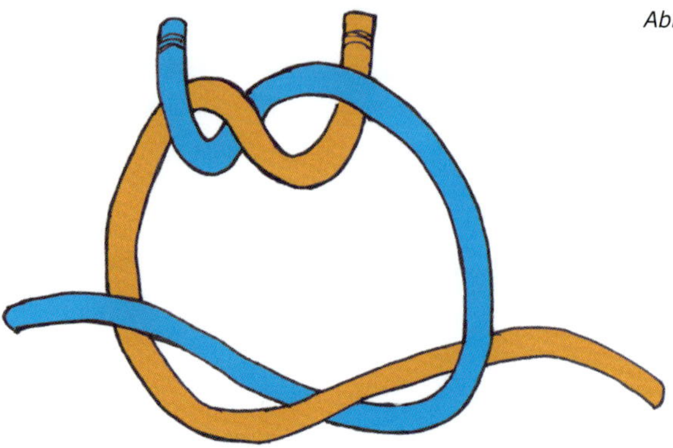

Abb. 38b

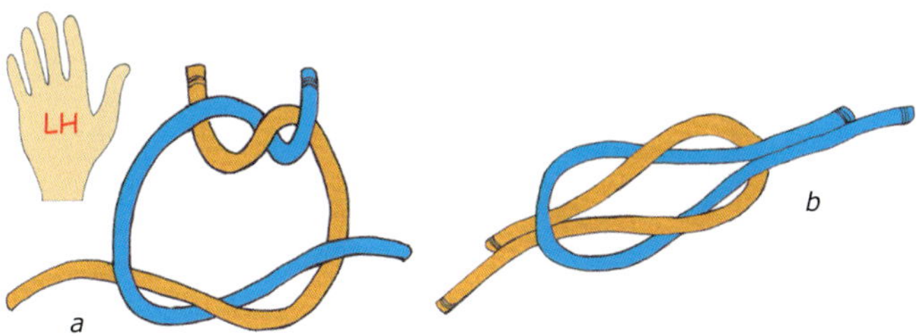

Chirurgenknoten

Der Chirurgenknoten ist eine Variante des Kreuzknotens, die aber deutlich zuverlässiger hält. Das erreichen Sie, indem Sie am unteren Überhandknoten (und eventuell auch am oberen) eine zusätzliche Schlinge einbinden. Mit einem Slipstek kann der Knoten noch einmal gesichert werden.

Wie der Name schon sagt, wurde der Knoten ursprünglich in der Chirurgie (zum Vernähen von Wunden) verwendet. Angler, Segler, Kanuten und andere Wassersportler haben den Chirurgenknoten inzwischen aber für sich entdeckt, da er auch rutschige Seile gut zusammenhält. Praktisch ist der Knoten z. B. zum Zubinden von Schwimmwesten.

Abb. 39a

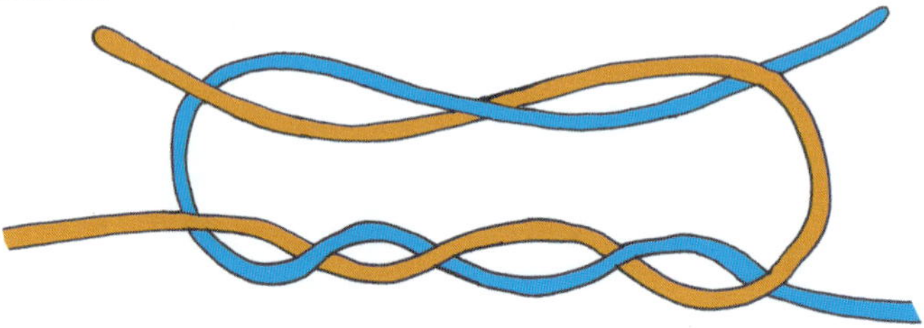

Abb. 39b

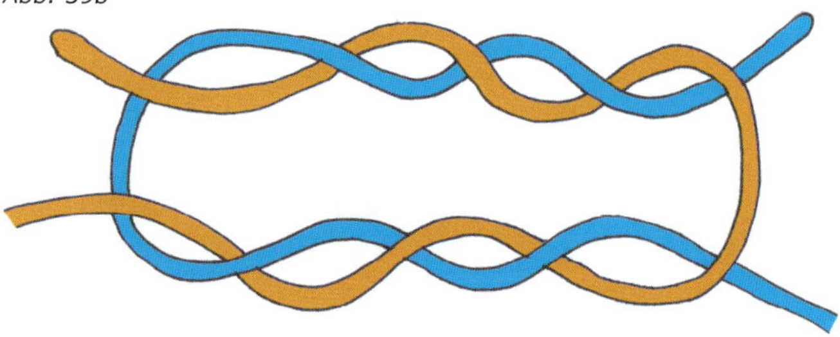

Abb. 39c

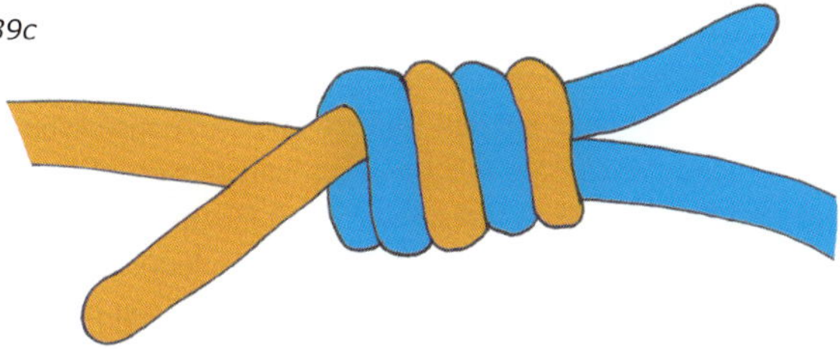

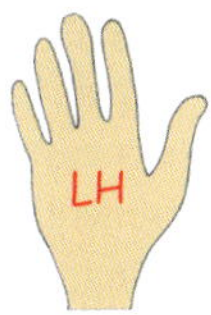

a

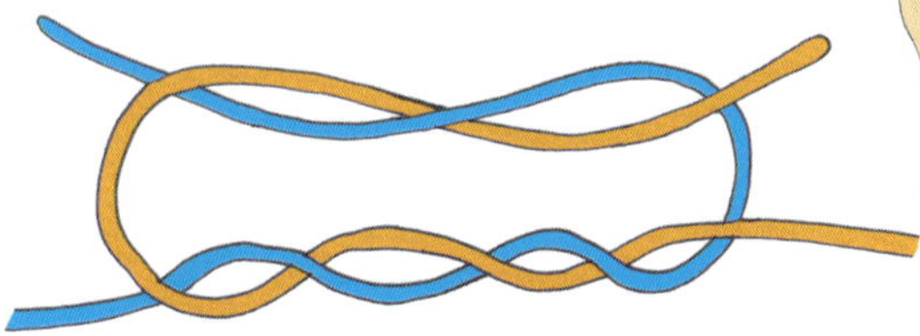

b

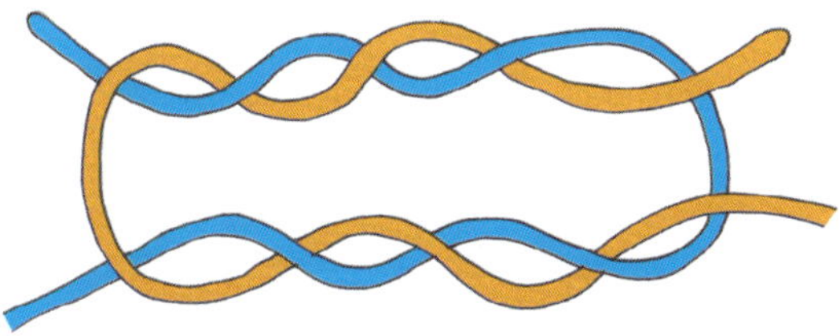

c

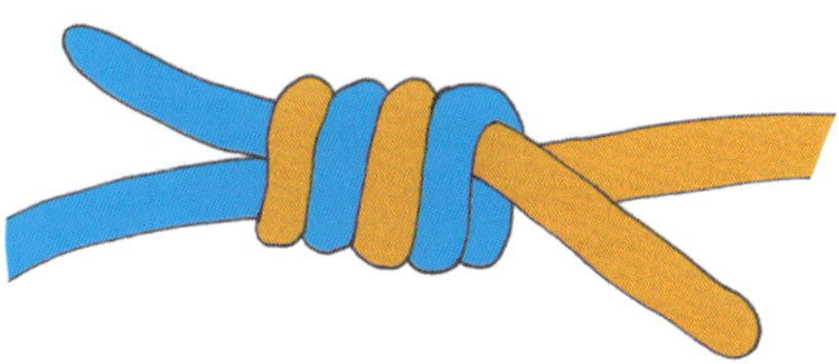

Augspleiß

In diesem Buch haben wir schon einige Knoten vorgestellt, mit denen Sie schnell eine Schlinge ins Seil zaubern und sie ebenso schnell wieder lösen können. Wenn Sie nicht nur vorübergehend, sondern dauerhaft eine Schlaufe am Ende Ihres Seils haben möchten, empfehlen wir aber einen Augspleiß statt eines Knotens. Er ist deutlich stabiler und sieht meist ordentlicher aus. Unsere Abbildungen zeigen Ihnen, wie es geht. In unserem Beispiel verwenden wir ein dreikardeelig geschlagenes Seil.

Beim Spleißen verflechten Sie die einzelnen Kardeelen des Seils. Als erstes müssen Sie deshalb das Seilende aufdröseln. Damit Sie nicht versehentlich das ganze Seil auflösen, sichern Sie es vorher mit einem Takling. Er sollte ca. 15 cm vom Seilende entfernt sein, dann haben Sie genug loses Seil für den Spleiß (☞ Abb. 40a).

Abb. 40a

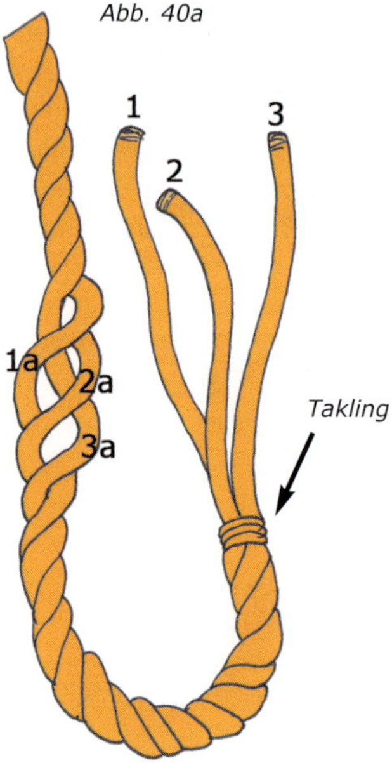

Abb. 40b

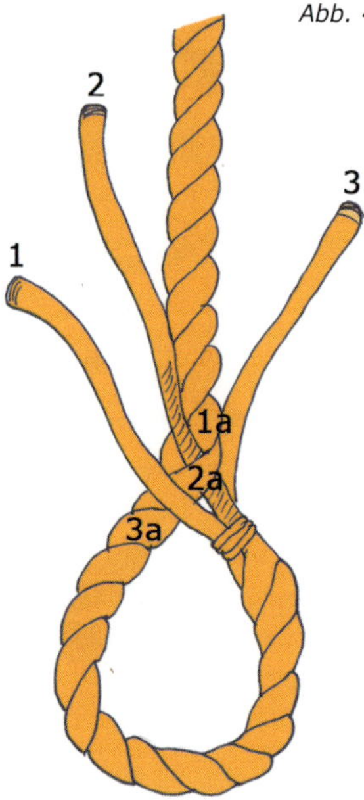

Mit dem aufgedröselten Seilende bilden Sie nun ein Auge. Ziehen Sie dann die offenen Kardeelen 1, 2 und 3 durch die Rillen des geschlossenen Seils (Kardeele 1a, 2a und 3a, ☞ Abb. 40b). Achten Sie darauf, die Kardeele immer gegen den Schlag des Seils zu führen, also von rechts nach links.

Manchmal ist es schwierig, die Kardeele durch die Rillen zu ziehen. Ein spitzes Werkzeug, mit dem Sie die Rillen öffnen können, ist deshalb ein nützlicher Helfer (z. B. ein Marlspieker).

Wenn Sie die Kardeele durch die Rillen führen, vertörnen Sie sie gleichzeitig (im Uhrzeigersinn). Achten Sie darauf, die Kardeele schön straff zu halten, damit es hinterher ordentlich aussieht.

Wenn Sie das geschafft haben, drehen Sie den Spleiß um. Führen Sie, wie in Abb. 40d gezeigt, das Kardeel 3 unter 3a durch. Dann drehen Sie das Seil erneut um und spleißen weiter.

Abb. 40c

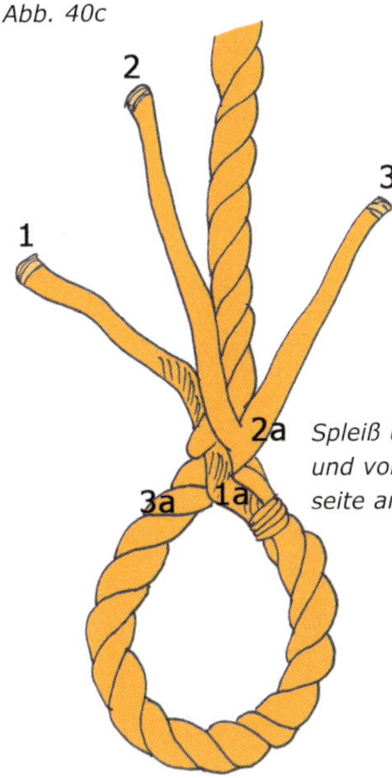

Abb. 40d

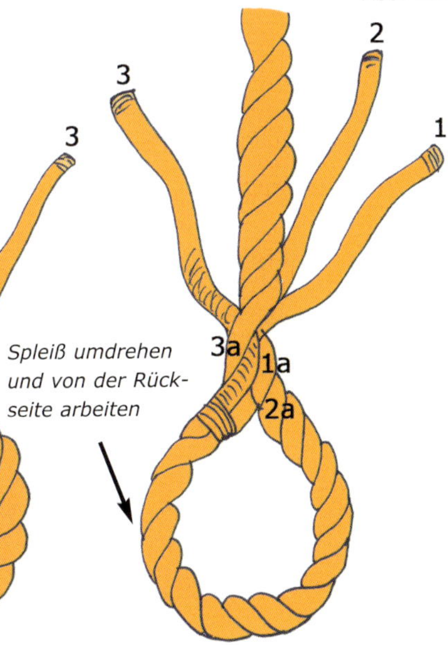

Diesen Vorgang können Sie nun mehrmals wiederholen, bis die losen Kardeelen komplett in das geschlossene Seil eingearbeitet sind. Wir empfehlen Ihnen drei Spleißgänge, um eine wirklich stabile Schlaufe zu erhalten. Wenn Sie viel Wert auf Optik legen, können Sie die losen Kardeelen auf unterschiedlicher Länge abschneiden, dann sieht der Spleiß noch besser aus.

Es kann sein, dass Ihr Spleiß jetzt noch etwas „knubbelig“ wirkt. Das ist kein Problem, rollen Sie ihn einfach wie eine Teigrolle glatt. Die losen Enden der Kardeelen, die noch aus dem Seil rausgucken, sollten Sie abbrennen, falls Sie ein synthetisches Seil gespleißt haben. Am besten rollen Sie den Spleiß danach noch einmal kräftig zwischen den Händen oder auf dem Boden. Nun stört nur noch der anfangs gebundene Takling, den Sie nicht mehr brauchen und entfernen können. Wenn alles geklappt hat, haben Sie jetzt eine ordentliche, dauerhafte Schlinge in Ihrem Seil.

Abb. 40e

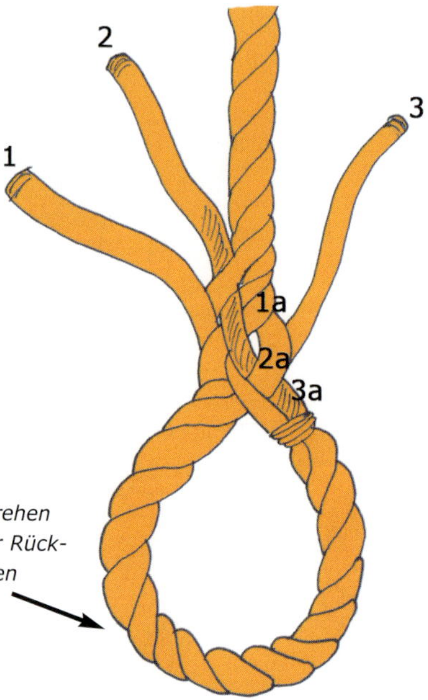

Spleiß umdrehen und von der Rückseite arbeiten

Abb. 40f

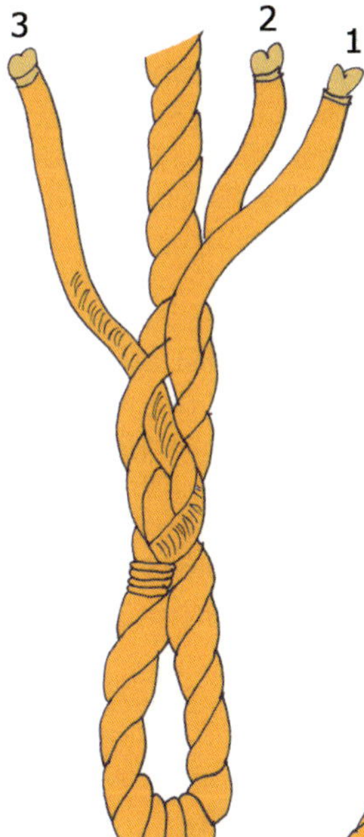

Abb. 40g

Abb. 40h

Kurzspleiß

Um eine stabile Schlinge zu erhalten, ist der Augspleiß die beste Wahl; um zwei Taue dauerhaft und sicher miteinander zu verbinden, ist ein Kurzspleiß die beste Methode. Anders als bei Knoten, die die Festigkeit eines Seils teilweise sogar um die Hälfte verringern, verliert ein Seil mit Spleiß nur ca. 10 % seiner Festigkeit.

Wie beim Augspleiß müssen Sie die beiden Seile natürlich zunächst einmal etwas aufdröseln, damit Sie mit den losen Kardeelen arbeiten können. Es reicht, wenn Sie ca. sechs Umdrehungen lösen. Wenn Sie das getan haben, legen Sie die Kardeele der beiden Seile abwechselnd nebeneinander – in unserem Beispiel also blau – gelb – blau – gelb – blau – gelb (☞ Abb. 41a).

Einige der Kardeele bleiben zwischendurch unberührt. Damit sie beim Spleißen nicht im Weg sind, binden Sie sie am besten an Ihr Seil oder kleben Sie mit Klebeband fest. Wenn Sie befürchten, dass Ihr Seil weiter aufdröseln könnte, können Sie die Kardeelenenden mit einem Takling oder Klebeband sichern (☞ Abb. 41b).

Im nächsten Schritt verknüpfen Sie die einzelnen Kardeele miteinander. Führen Sie jedes lose Kardeel erst über das danebenliegende und dann unter dem nächsten hindurch. Wenn Sie die Kardeele auf diese

Abb. 41a

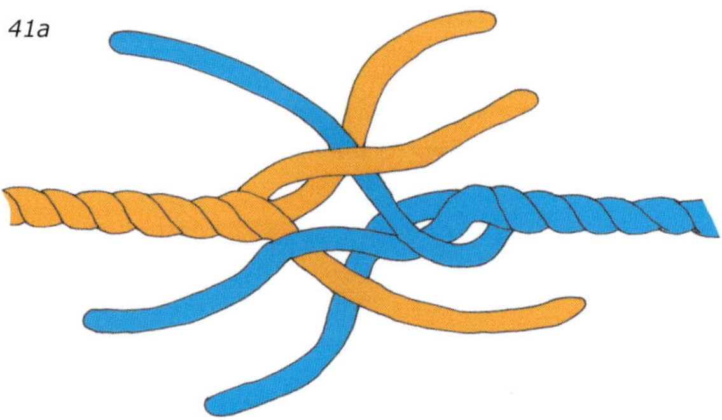

Weise drei- oder viermal verknüpft haben, werden sich Ihre Seile so schnell nicht wieder trennen. Sie können den Spleiß aber natürlich auch länger machen, falls Sie üben oder auf Nummer sicher gehen wollen.

Beendet wird das Ganze wie der Augspleiß: Rollen Sie den Spleiß glatt, brennen Sie – wenn nötig – die Enden ab und rollen Sie die verknüpfte Stelle erneut glatt (☞ Abb. 41d).

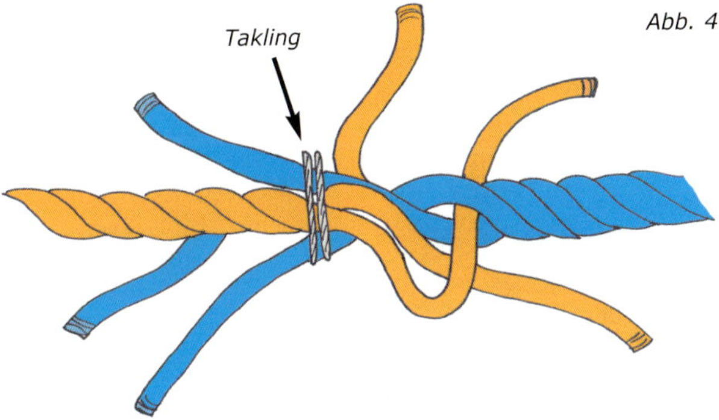

Abb. 41b

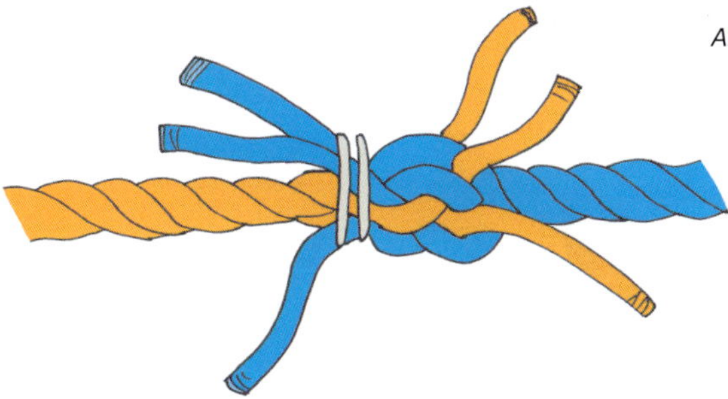

Abb. 41c

Abb. 41d

Krawattenknoten

Der ein oder andere von Ihnen wird sich nun vielleicht fragen, was Krawattenknoten in einem Buch der Reihe „Basiswissen für draußen“ zu suchen haben. Keine Sorge, wir sind nicht so verrückt zu glauben, dass Sie auf Ihrer nächster Outdoor-Tour eine Krawatte tragen werden. Aber vielleicht müssen Sie danach wieder mit Anzug und Krawatte in Ihr „normales“ Leben zurückkehren und werden sich freuen, wenn Sie dann wenigstens der Knoten an Ihre letzte Wanderung/Kanutour/Fahrradreise erinnert.

Kleiner Krawattenknoten

Abb. 42

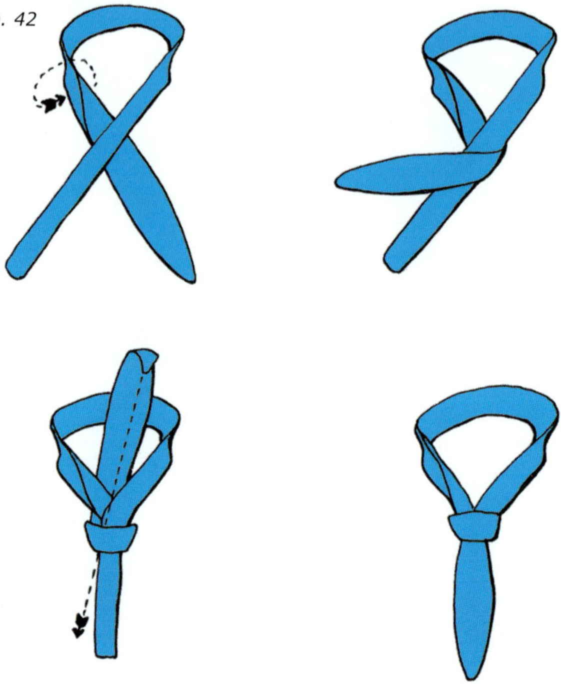

Einfacher Krawattenknoten

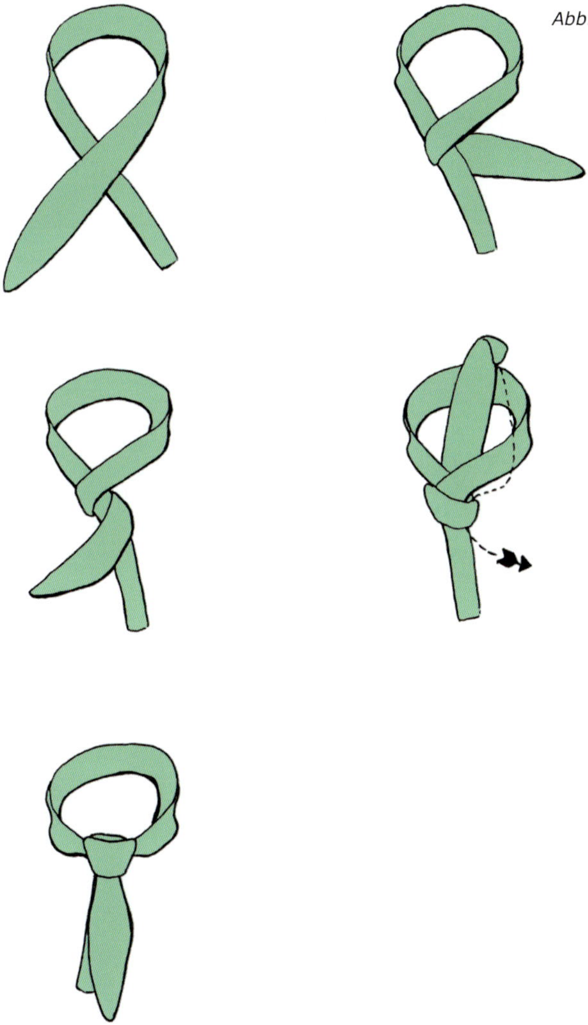

Abb. 43

Windsorknoten

Abb. 44

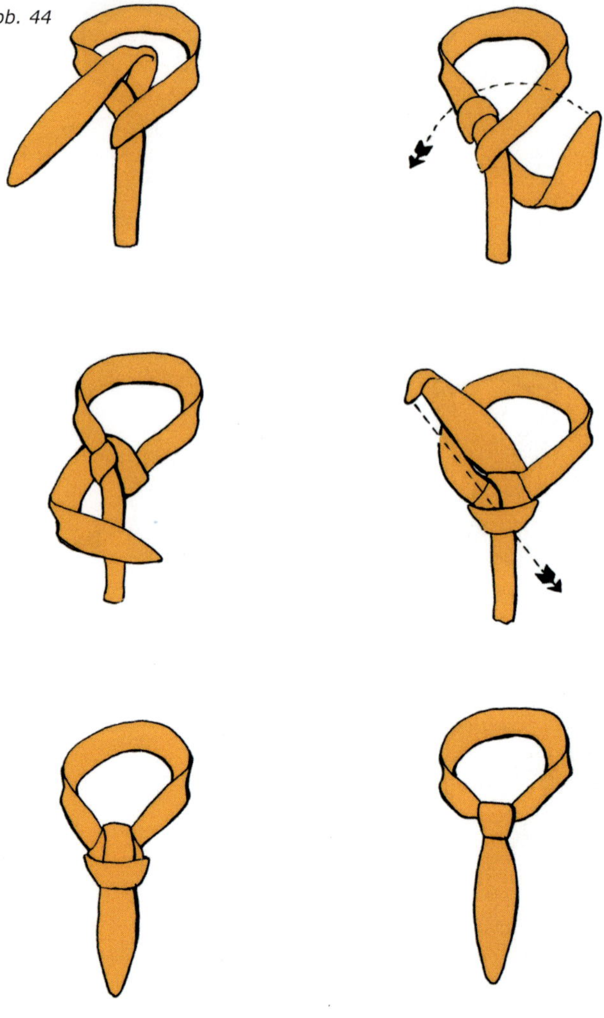

Glossar

Palstek
☞ Seite 50

Das Knoten ist eine kleine Wissenschaft für sich, und wie es bei jeder Wissenschaft ist, gibt es auch hier einige Fachbegriffe. Die wichtigsten haben wir in diesem Glossar für Sie zusammengestellt, damit Sie die Beschreibungen und Anleitungen zu den Knoten problemlos verstehen können.

Aufschießen	sachgerechtes Zusammenlegen eines Seils
Auge	Schlaufe, deren Enden sich überkreuzen
Bucht	Schlaufe in U-Form
Erinnerung	Bestreben des Seils, die ursprüngliche Form wieder anzunehmen (☞ Faserspannung)
feste oder stehende Part	unter Belastung stehender Teil des Seils
Kardeel	Strang eines Taus
Keepen	Kerbe, Rille
Kinken	Knoten, Fehler im Tau
lose oder holende Part	freies Ende eines Seils
Marlspieker	spitzes Werkzeug (ähnelt einer Ahle)
Seele	innerer Teil eines geflochtenen Taus
Takling	Stopper gegen das Aufdröseln
Tampen	in der Regel das lose Ende eines Seils, kann aber auch das ganze Seil bezeichnen

Kordel	Zierschnur
Schnur	Band zum Verschnüren von Paketen
Strick	dicke Schnur oder ein Seil zum Festbinden
Leine	dünnes Seil, z. B. Wäscheleine
Seil	sehr starke Schnur, die aus mehreren Kardeelen gedreht ist und mit der man schwere Dinge ziehen oder befestigen kann
Tau	dickes, starkes Seil
Trosse	extrem dickes Tau, z. B. Ankertrosse

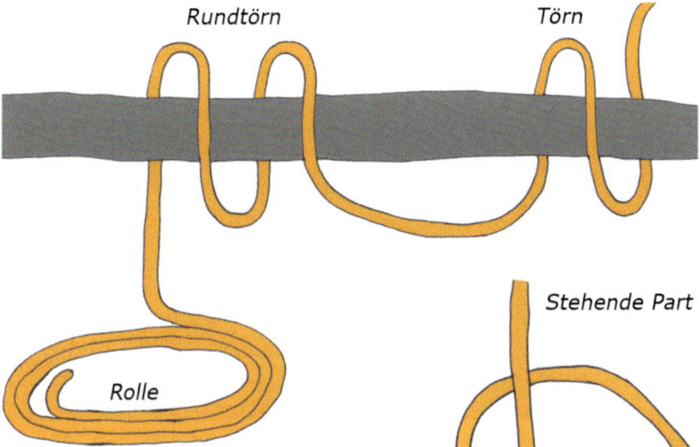
Rundtörn
Törn
Rolle

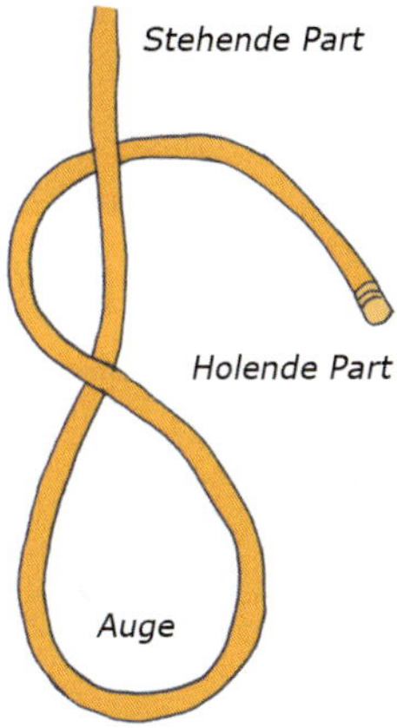
Stehende Part
Holende Part
Auge

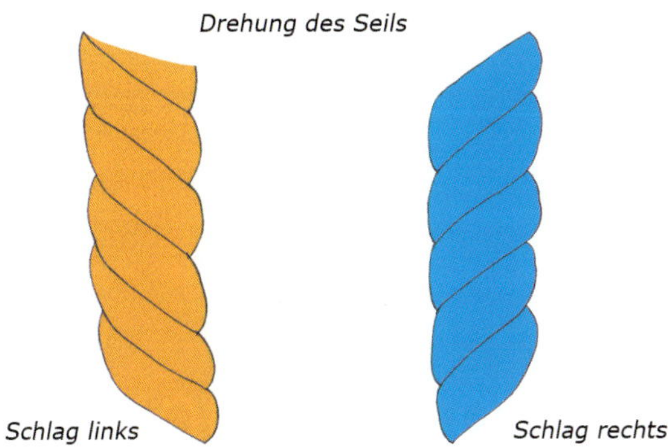
Drehung des Seils
Schlag links
Schlag rechts

Index

Achtknoten
(Paketknoten) ☞ *S. 48*

A

Achter Buchtknoten 56
Achtknoten 48
Angler 47, 75
Aufbewahrung 29
Aufschießen 25
Auftrieb 15
Auge 91
Augspleiß 80

B

Balkenstek 63
Belastbarkeit 14
Blutknoten 75

C

Chemikalien 15
Chirurgenknoten 78
Clinchknoten 46

D

Dacron 17
Diamantstek 60
Doppelter Palstek 52
Doppelter Schotstek 71
Doppelter Webeleinenstek 44
Durchmesser 13

E

Einfacher Krawattenknoten 87
Einfacher Schotstek 71
Einfachschleife 36
Elastizität 15
Englischer Knoten 70

F

Faserspannung 14
Festigkeit 13
Fischerstek 70
Flexibilität 13

G

Garntakling 24
Gesicherter Palstek 51
Gurtknoten 74

H

Hakenstek 46
halber Blutknoten 46
Halber Schlag 38

K

Katzenpfote 41
Kevlar 17
Kleiner Krawattenknoten 86
Kraftzug 64
Krawattenknoten 86
Kreuzfestmacher 68
Kreuzknoten 76
Kunststoff 16
Kurze Trompete 41
Kurzspleiß 84

L

Lange Trompete 49
Lasching 67

M

Marine-Methode 26
Marlschlag 59

Materialien 16
Maurerknoten 58
Mehrfachzug 66

N

Naturfaser 17
Nylon 16

P

Paketknoten 48
Palstek 50
Part 91
Pflege 29
Plastiktakling 25
Polyäthylen 16
Polyester 17
Polypropylen 17

R

Ringstropp 57
Rolle 91
Rundtörn 38
Rutschfestigkeit 13

S

Schifferknoten 40
Schmetterlingsschlaufe 55
Schotstek mit Slip 71
Segler-Methode 28
Seil 12
Slipstek 34, 38
Spierenstich 70
Stopperknoten 33, 48

T

Takling 22
Tau 22
Taue 16
Topsegelschotstek 44
Törns 47
Trilene-Knoten 47
Truckerknoten 64

U

Überhandknoten 33
UV-Beständigkeit 15

W

Wasser 15
Webeleinenstek 42
Windsorknoten 88

Z

Zimmermannsstek 62
Zugfestigkeit 31